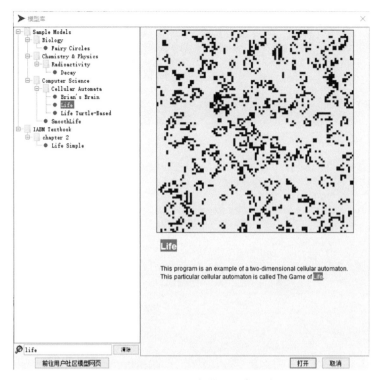

图 1-5　NetLogo 自带的生命游戏

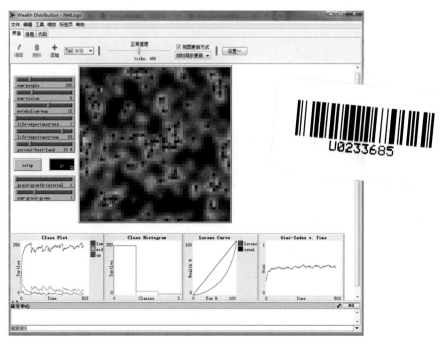

图 1-9　财富分布模型

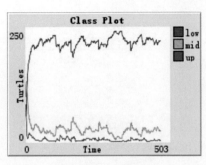

图 1-10 Class Plot

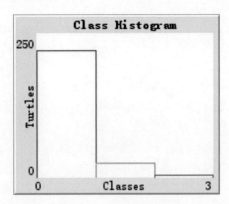

图 1-11 Class Histogram

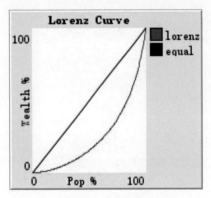

图 1-12 洛伦兹曲线

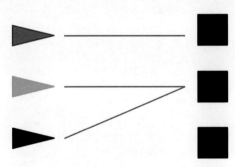

图 4-7 turtle 和 patch 之间的对应关系

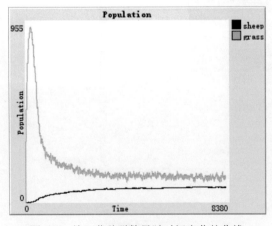

图 5-2 羊－草种群数量随时间变化的曲线

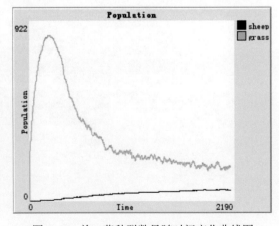

图 5-11 羊－草种群数量随时间变化曲线图

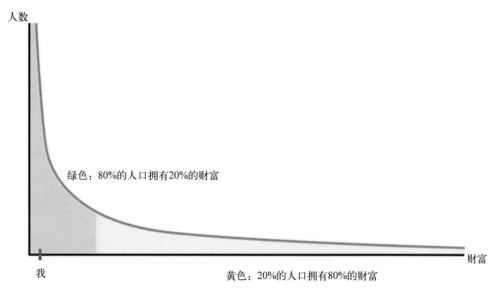

图 6-1　财富分布的二八定律

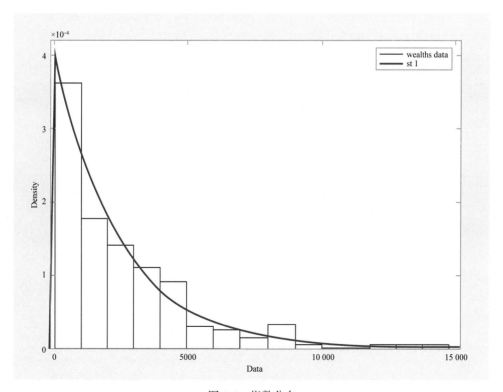

图 7-5　指数分布

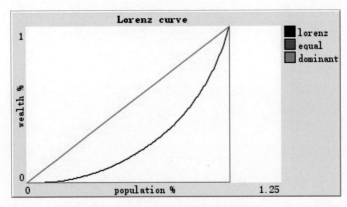

图 7-14　NetLogo 绘制洛伦兹曲线

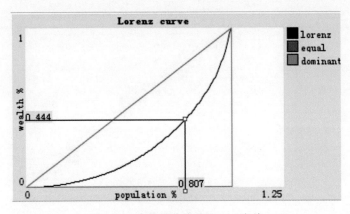

图 7-15　洛伦兹曲线验证二八定律

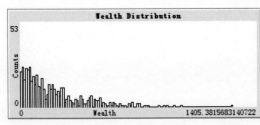

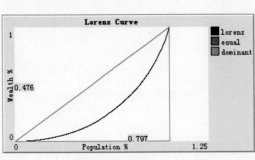

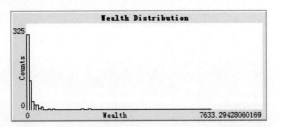

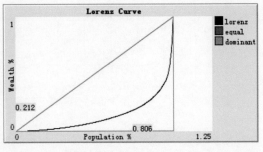

图 8-4　更新规则前的财富分布直方图和洛伦兹曲线　　图 8-5　更新规则后的财富分布直方图和洛伦兹曲线

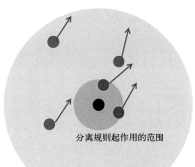

分离规则起作用的范围

靠近规则、对齐规则起作用的范围

图 9-9　鸟群规则半径

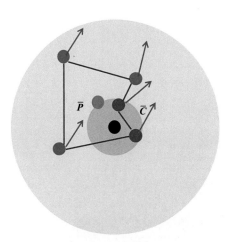

图 9-10　平均位置矢量

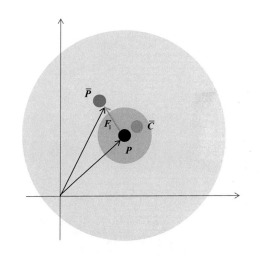

图 9-11　靠近力计算

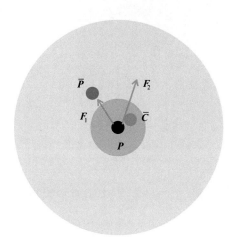

图 9-12　对齐力计算

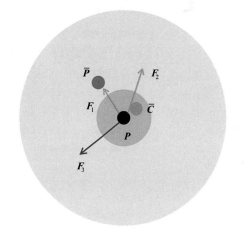

图 9-13　斥力计算

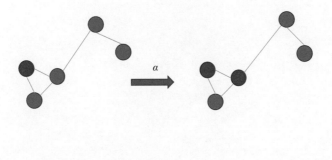

图 10-2　网络上的 SIR 模型

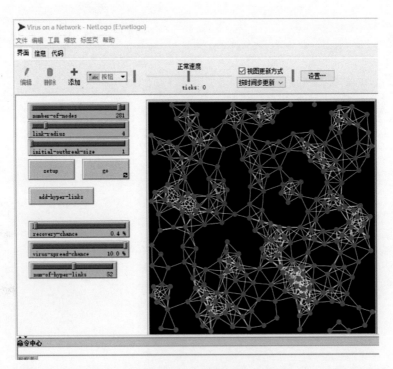

图 10-5　初始化网络

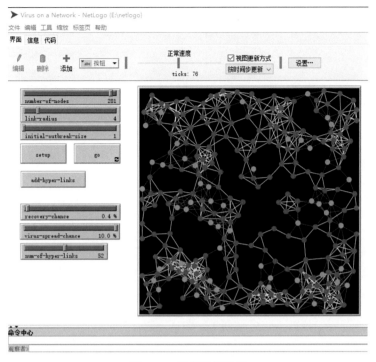

图 10-6　程序运行结果

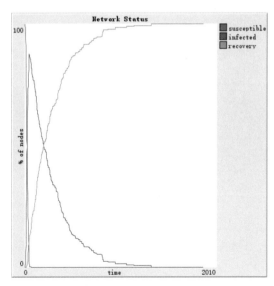

图 10-7　网络状态随时间变化图

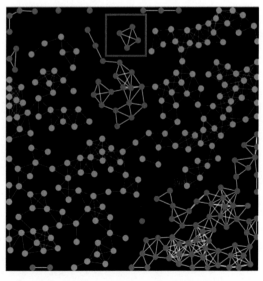

图 10-9　调小 link-radius 后形成的孤岛

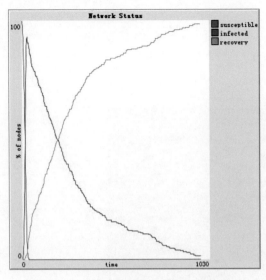

图 10-11　改进后的网络状态随时间变化图

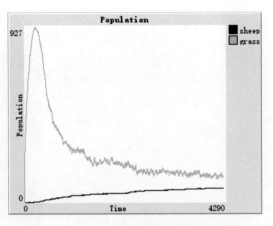

图 11-10　羊–草生态系统的种群变化曲线

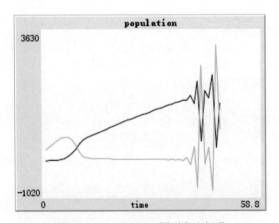

图 11-17　population 图形发生振荡

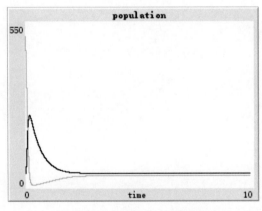

图 11-19　population 最终图形

NetLogo
多主体建模入门

集智俱乐部 ◎ 著

人民邮电出版社

北　京

图书在版编目（CIP）数据

NetLogo多主体建模入门 / 集智俱乐部著. -- 北京：
人民邮电出版社，2021.10（2023.10重印）
（图灵原创）
ISBN 978-7-115-57138-0

Ⅰ. ①N… Ⅱ. ①集… Ⅲ. ①产品设计－系统建模
Ⅳ. ①TB472

中国版本图书馆CIP数据核字(2021)第164740号

内 容 提 要

本书从大量跨学科、跨领域的实际案例入手，循序渐进地讲解了NetLogo的使用方式、基本语法、设计思想，以及背后的计算机模拟、多主体建模、复杂性科学的基本理念和数理建模的常用方法，包括数值计算、微分方程、动力系统、概率统计等。通过学习，读者可以学会搭建一个人工生命的世界、一个人工经济系统，以及一个人工生态系统；通过计算机模拟，读者可以理解大自然的捕食依存关系、病毒传播和疫情暴发的原理，还能对人类社会财富分布不均衡的起源有全新的认识。

本书配有清晰的示例代码和讲解视频，实战性强，适合作为NetLogo建模和复杂性科学实操的入门读物。

◆ 著　　　　集智俱乐部
　　责任编辑　张　霞
　　责任印制　周昇亮
◆ 人民邮电出版社出版发行　　北京市丰台区成寿寺路11号
　　邮编　100164　电子邮件　315@ptpress.com.cn
　　网址　https://www.ptpress.com.cn
　　北京盛通印刷股份有限公司印刷
◆ 开本：800×1000　1/16　　彩插：4
　　印张：11.5　　　　　　　2021年10月第1版
　　字数：257千字　　　　　2023年10月北京第8次印刷

定价：79.80元
读者服务热线：(010)84084456-6009　印装质量热线：(010)81055316
反盗版热线：(010)81055315
广告经营许可证：京东市监广登字 20170147 号

序　一

　　NetLogo 是一个用来对自然和社会中多种复杂现象进行计算机模拟的可编程软件，它提供了一个建模和仿真的计算机实验环境，供用户对各种复杂现象进行模拟、显示、分析和研究。

　　NetLogo 最早由美国西北大学的 Uri Wilensy 教授于 1999 年设计编写，由该校的"互联学习与基于计算机建模研究中心"（Center for Connected Learning and Computer-Based Modeling）于 2002 年成功开发，目前最新版本为 NetLogo 6.2.0。

　　北京师范大学的张江老师开设有一门名为"复杂性思维"的本科生课程，使用 NetLogo 来讲授复杂性科学的综合知识，包括混沌、秩序、自催化网络、涌现、混沌边缘、热力学第二定律、分形、复杂网络、自我指代等内容。他于 2020 年开设了一门线上课程"NetLogo 多主体建模入门"，讲授 NetLogo 的各种操作和语法技术细节，配合"复杂性思维"的教学，效果甚佳。本书是该线上课程讲稿的大集成文字版。

　　本书分上下两篇：上篇包括前五章，主要介绍 NetLogo 的基本语法和基本概念；下篇包括余下六章，其中除了进一步介绍 NetLogo 的基本操作和语法外，还介绍和讨论了大量复杂性科学、数学、物理学等领域的内容和案例，包括概率分布、数值积分、基尼系数、洛伦兹曲线等。形式上，则以有趣的生命游戏、鸟群飞行、生态系统、财富分布、病毒传播以及复杂网络和系统动力学为载体，进行解释和演绎。通过学习这些基本知识和技巧，读者将能够使用 NetLogo 随心所欲地搭建各种各样描述自然和社会科学中复杂现象的模型，并在计算机上做各种模拟。

　　这是一本难得的好书，是国内系统介绍 NetLogo 的开荒之作，适合数理及人文多个领域的学生和学者阅读和参考，值得广泛推荐。

陈关荣

香港城市大学

2021 年 6 月 1 日

序　二

我常把一类知识算作"武器级"的。其划分标准是，你一旦得到它，就会与竞争对手形成不对称的优势。对于研究者来讲，多主体建模方法便是这样一种"武器级"的知识。

当别人苦于数据无从获得时，你可以用多主体建模自动"吐出"许许多多模拟数据，然后欢快地进行分析。别人的研究投入，可能是大量的时间、金钱和精力。而你，只需要编写几行代码。更妙的是，如果有人已经发表了和你类似的研究，那你就可以更方便地站在巨人的肩膀上，对别人的模型加以微调，得到适合自己研究的环境设定与运行结果。

这么好的事儿，听起来不像是真的，对吧？我们都知道，低垂的果实很难长期存在，因为你看到的机会，别人同样能看到。这么好的工具，想必你的竞争者们早就学会了，不是吗？

还真不是，因为这样一种研究方法是有门槛的。这个门槛，就是编程。看到"编程"这两个字，许多人会自动放弃，因为传统观念告诉他们，只有学 IT 的人，才能学会编程，若你是文科生，便笃定不可能学会。

实际上，随着时代的进步、技术的发展，"编程"的含义和难度也在发生变化。如果你把编程等同于汇编语言或者机器语言，那这个世界上能真正掌握编程的人，必定是少数。甚至连某些高级编程语言，不少人学起来也是困难重重。

但是在多主体建模领域，你却有更好的选择。这个选择，就是 NetLogo。

NetLogo 非常简单。只需要几行代码，你就能够创造出一个虚拟世界，里面各种小动物在自由自在地觅食。

NetLogo 非常易用。它提供了观察工具、绘图工具、统计工具，让你在搭建模型原型时，快捷无比。它还贴心地提供了 BehaviorSpace 这样的参数"海选"工具，帮助你轻松完成参数搜寻、多轮次模拟，保障实验的可重复性。

NetLogo 非常实用。默认安装时，它已经包含了来自各个领域的许许多多的经典模型与前沿模型，让你可以快速地找准自己可以借鉴的基础。通过这些模型的详细代码，你可以快速了解可以刻画的现实问题，以及使用时的注意事项。

简单来说，NetLogo 门槛很低，但是天花板极高。毫不夸张地说，掌握了它，你就有了发表高水平论文的保障性条件——当然，充分条件还得靠你的领域知识与研究价值。

然而即便是 NetLogo，也让很多人望而却步。为什么？因为缺乏足够好的入门教材。

率先掌握了 NetLogo 的人，往往已经在学术界的某一领域具有了权威地位。他们写书，往往会聚焦于自己的一系列研究，而对于 NetLogo 本身，基本一笔带过，生怕介绍多了，占用了介绍自己研究成果的宝贵篇幅。

专家们这么做，并非没有道理。在他们看来，NetLogo 简单到了这种地步，难道还需要讲解吗？

但是，这就是"幸存者偏见"了。我更喜欢用"小马过河"来形容这种认知错位。在老水牛的眼里，讨论河水有多深，简直是滑稽和浪费时间；而对于小马来说，这问题很有意义；对于小松鼠，那就是生死存亡的问题了。

确实有人有编程天赋，只需要看 NetLogo 的文档，就能学会并举一反三，还能运用在自己的研究里。但是，这个世界上大多数人在编程方面并没有这样的超人天赋，而学会 NetLogo，以便开展研究，又是他们的刚需。

更要命的是 NetLogo 的语法，实际上来自于一个古老而有魔力的语言家族——Lisp。许多让人惊艳的划时代产品是用这门语言或其变种做出来的。NetLogo 有了这样的基因，才能在简单的外表下拥有这么强大的能力。

如果你之前学过结构化编程或者面向对象编程，那么在学 NetLogo 时，可能还不如毫无编程基础的新手，因为它奇怪的语法会让你很痛苦。你怎么看，自己写的都对，但是一运行就报错，或是得出让你哭笑不得的离谱结果。

很多已经有一定编程基础的人，兴致勃勃地学完了 NetLogo 自带的简易入门教程后，尝试用在自己的研究上，但是很快就被劝退了，快速完成了"从入门到放弃"的全过程。

这说明，NetLogo 的详细入门教程是必需的。但是很久以来，就是没人做。大部分专家觉得没必要，不愿意做，而强烈感受到必要性也愿意做的人，往往是刚入门的新手，没有这个能力。

2015 年，Bill Rand 写了一本介绍 NetLogo 的教材。我当时在美国访学，专门买了这本特别厚重的书，放进行李箱背了回来。但是一来这本书是英文的，二来价格高，没法儿给学生作为教材使用，只能推荐他们去看 Bill 的慕课课程。他们看了，却一脸懵：老师，它是全英文的……

所以，看到张江老师的这本中文新书，我很欣喜。张江老师在复杂系统领域深耕多年。作为北京师范大学教授和集智学园创始人，他的研究基础、教学能力和社区号召力，使得这本书的权威性、趣味性和易读性都有了充分的保障。

其实，这不是我第一次推荐张江老师的 NetLogo 教学成果了。早在 2020 年 2 月，我看到张老师集智学园网站的 NetLogo 在线课程时，便欣喜地第一时间在公众号和知乎撰文推荐了。有不少人看到我的推荐后，学完了这门课程，大为受益，通过留言和私信向我表示感谢。

但是，在线课程有一个问题：复习的成本太高，学生容易学习动力不足。例如，在复习时要找到并点开对应的视频，不断快进或拖曳进度条，才能找寻当初模糊的记忆。动力不足，人就容易拖延。拖延久了，便干脆忘了这码事儿。

而一旦有了书，效果就大不一样了。书这种我们从上学起就熟悉的介质，非常便于随手标注、做笔记和复习。结合在线课程使用，你可以自主掌握进度，并且通过更为详细的文字，能对重点和难点知识进行深入学习和揣摩。

本书基本上囊括了入门 NetLogo 所需掌握的各种模块。只要你真真正正把这 11 章内容学完，就能成功掌握 NetLogo 的基础。剩下的，就是灵活运用你的"屠龙宝刀"了。

祝建模愉快，早日做出你自己的优秀研究成果！

王树义

天津师范大学副教授，公众号"玉树芝兰"主理人，少数派网站专栏作者

序　三

　　NetLogo 软件是用于模拟自然现象和社会现象的可编程建模环境，具有广阔的应用前景。自 1999 年诞生之日起，其建模与模型交流学习生态就一直处于持续演化中，众多开发者贡献了针对各种场景的软件编程模型。NetLogo 特别适合对具有时序性的复杂系统进行建模。建模者可以向数百甚至数千个独立运行的智能主体（agent）下达指令，这使得探索个体的微观行为与它们的互动中出现的宏观模式之间的联系成为可能。NetLogo 软件在自然科学、医学、心理学、社会科学等领域都有广泛应用，已经成为当前社会计算等跨学科领域的核心研究工具。这本书结构合理、内容创新、指导性强，在推介 NetLogo 软件操作、使用以及研究方面具有重要作用。2012 年我在芝加哥大学访问学习，初次认识 NetLogo 软件。在清华大学任自动化系博士后期间（2014~2016 年），我是 NetLogo 软件的重度使用者，发表了一系列 SCI/SSCI 社会计算论文。此后，NetLogo 软件一直是我所在的跨学科课题组的研究利器。

　　NetLogo 软件是极其重要的科研平台，是计算社会科学、社会计算等跨学科研究的理想工具。具体而言它有如下优点。

　　(1) 跨学科交流的好平台。由于语言友好、界面简洁，NetLogo 软件能够为诸多学科研究者所接受和使用。很多模型可以通过 ABM 方法进行仿真验证。很多学科基于该软件构建了研究模型。社会科学、物理学、心理学、复杂网络、公共卫生等领域的经典模型之间可以互相借鉴，互相激发。

　　(2) 同行交流的好渠道。这些经典模型都会收录到 NetLogo 软件经典模型库中，每个模型的代码都可以完全获取。很多模型附加了注释，因此我们可以找到原作者，实现"代码会友、模型会友"的交流模式。我们自己的模型和已有模型可以充分借鉴、融合、创新，通过交流和学习不断提高自身的社会计算研究水平。

　　(3) 验证内心想法的好工具。做科学研究，最重要的是想法（idea），但我们往往处在"想法很多、实现路径有限"的尴尬境地。这就导致，很多好的想法（火花）因为得不到技术实现，导致自身的研究兴趣消退、研究热情冷却。而 NetLogo 软件的出现，一举扭转了这个局面，可以说是很多学科（尤其是社会科学）研究者的福音。

（4）探索普适性联系的好系统。NetLogo 软件不仅是一种研究工具和模型可视化工具，更是一种系统性思维，必将揭示人类社会、自然科学之间的普适性联系。在算法层面，万千系统都可以被智能主体的行为机制所揭示，这就是 agent-based modeling 核心思想。既然整个世界是运动的、联系的，那么 ABM 就一定会有广阔的用武之地，这些都有待于跨学科的研究者去揭示。各个子领域的个体微观行为机制的揭示，最终必将拼接出整个世界的宏观系统图景。

吕鹏

中南大学公共管理学院教授、社会计算研究中心主任，教育部青年长江学者

前　言

记得在我 8 岁生日的时候，父亲给我买了一台胜天 9900 型号的游戏机，这是当时任天堂红白机类型的游戏机中最好的一种了。于是，《超级玛丽》《魂斗罗》《恶魔城》《赤色要塞》等一干游戏便成了我假期生活的伴侣。游戏玩多了，我便萌生了自己做游戏的想法。说干就干，我找来很多硬纸板，把游戏中的一个个形象画在纸板上，然后把它们剪下来，再用线头或是铁丝把这些零部件串起来——我当时居然想用这些纸板和铁丝来制作一款游戏！结果可想而知，我很快便发现要通过铁丝和纸板搭建游戏是多么荒诞可笑的想法……但是，自己亲手制作游戏这颗种子从那时便埋在了心里。

30 多年过去了，在我女儿 8 岁生日的时候，我终于让她玩上了我自己制作的游戏。这是一个简单而粗糙的《愤怒的小鸟》游戏，但女儿玩得异常开心。制作这个游戏的工具自然不是纸板和铁丝，而是 NetLogo。

NetLogo 是一款专门用于搭建模拟世界的软件，可以在任何计算机上运行，非常简单易用。我一接触到它，便爱不释手。我可以很快地用 NetLogo 实现那些酷炫的复杂系统模型和人工智能算法，并通过酷炫的动画来展示这些深奥而复杂的概念。我甚至在北京师范大学开设了"复杂性思维"的课程，专门教本科生掌握复杂性科学的最新知识以及 NetLogo 的使用方法。

学生们的反馈很好。他们发现，我所讲授的那些概念，如多主体模拟、元胞自动机、动力系统，等等，在 NetLogo 的演示下都变得异常简单而直观。于是，我在"复杂性思维"课程中增加了越来越多 NetLogo 的内容。但很快出现了另一个问题，就是我很难平衡复杂性科学和 NetLogo 这两部分教学内容的比重。有学生向我反馈，要么多讲一些 NetLogo 的内容，要么多讲一些复杂性科学的内容，每个都讲一点儿，会导致哪个都没有讲透。

于是，在 2020 年，我开发了一套全新的线上课程，叫作"NetLogo 多主体建模入门"，专注于 NetLogo 的各种操作和语法等技术细节。同时，我的"复杂性思维"课程也变得纯粹了，抛开了 NetLogo 之后，我便可以增加更多复杂性科学的内容。但这苦了选修这门课的学生，他们选了这门 2 学分的课，还必须在线修 "NetLogo 多主体建模入门"，课程内容翻了一倍，相当于选修了一门至少值 3 学分的课。但我收到的反馈令我诧异，他们很享受这样的安排，并没有抱怨要学那么多东西。绝大多数学生认为，学习 NetLogo 这样的实操技能让他们收获满满。

与此同时，"NetLogo 多主体建模入门" 这门课程在集智学园的网站上线之后便受到了广大粉丝的欢迎。我甚至看到有人自发地在知乎等平台为这门课写笔记，推广给更多人。这也难怪，介绍 NetLogo 的中文学习资料实在太少了。那么，我们该如何进一步扩大这门课程的影响力呢？

2021 年伊始，在张爱华、张倩等集智俱乐部小伙伴们的支持下，我们有机会将 "NetLogo 多主体建模入门" 这门线上课程的内容转化为文字，这便有了你手上的这本书。但是，文字与线上课程在表现形式上毕竟有非常大的不同。很多口语化的表达要变成规范的白纸黑字，很多内容和案例需要重写。多亏了张爱华的辛勤努力，以及人民邮电出版社图灵公司编辑张霞的修改建议，本书才得以成型。

本书分成上篇和下篇两个部分。上篇包括第 1 章到第 5 章，这一部分的内容非常简单，容易上手，以介绍 NetLogo 的基本语法和基本概念为主。从第 6 章开始，便进入了下篇。相比上篇，下篇内容在难度上会有较大的提升。最主要的不同是，下篇除了一如既往地介绍 NetLogo 的基本操作和语法，还引入了复杂性科学、数学、物理学等领域的大量内容，其中包括概率分布、数值积分、基尼系数、洛伦兹曲线等概念。但是，读者大可不必被这些复杂的概念吓住，因为它们都能落实到一行行 NetLogo 代码上。从 NetLogo 层面来看，再高深的概念也仍然不过是区区几行代码而已。然而，一旦跨越下篇的难度障碍，你在 NetLogo 方面的修为便会有巨大的飞跃。你会发现，有了下篇的功夫，你真的可以随心所欲地搭建自己想要的模型了。

然而，由于成书时间仓促，错误和遗漏在所难免，还望各位读者海涵。

张江

北京西城区

2021 年 5 月 23 日

作者简介

集智俱乐部（Swarma Club），成立于 2003 年，是一个从事学术研究、享受科学乐趣的探索者团体，也是国内最早研究人工智能、复杂系统的科学社区之一，倡导以平等开放的态度、科学实证的精神，进行跨学科的研究与交流，力图搭建一个中国的"没有围墙的研究所"。编写、翻译过多本科普著作，著作有《科学的极致：漫谈人工智能》《走近 2050：注意力、互联网与人工智能》《深度学习原理与 PyTorch 实战》，译作有《深度思考：人工智能的终点与人类创造力的起点》等。

口号：让苹果砸得更猛烈些吧！

使命：营造自由交流学术思想的小生境，孕育开创性的科学发现。

下属的不同读书会主题社区如下：网络科学、生命复杂性、社会计算、复杂经济学、因果科学与 Causal AI、复杂系统管理、复杂系统自动建模等。

编写

张江，北京师范大学系统科学学院教授、博士生导师，集智俱乐部创始人、集智学园创始人。其开创的集智俱乐部是国内外知名的学术社区，致力于复杂系统、人工智能等多领域的跨学科交流与合作，目前已在学术界和产业界产生了一定影响力。2016 年底创办的集智学园（北京）科技有限公司致力于提供复杂性科学、人工智能等领域的知识服务。

张爱华，集智俱乐部复杂系统管理读书会主理人，对复杂系统、人工智能感兴趣。现就职于南京医科大学附属儿童医院，主要工作方向为医疗信息化和数据集成平台建设。

张倩，集智学园联合创始人兼 CEO，集智俱乐部核心志愿者，《走近 2050：注意力、互联网与人工智能》合著者，组织编写了《深度学习原理与 PyTorch 实战》，开创集智课堂的众包学习模式。自媒体作者，公众号：倩姐（swarmacomplex）。

审校

王欢，华东师范大学社会学系学生，主要关注社会学研究中复杂性范式的引入、发展和变迁，致力于为当代中国社会的分层、流动与不平等相关的重大社会议题提供新的理解。集智 NetLogo 社区成员，曾多次参与集智学园组织的课程和培训。

封面素材

王建男，集智学园品牌总监，集智俱乐部社会计算读书会主理人。本科阶段学习动画专业，熟悉 Python 数据分析和 NetLogo，对心理学、社会学，尤其是社会心理学和数据分析的交叉研究感兴趣。

目　　录

下　篇

上　篇

第 1 章

复杂系统与多主体模拟

飞鸟如何聚集成群？商贩们的相互竞争如何形成最终的猪肉价格？股票价格为何会暴涨暴跌？新冠病毒为什么传播得这么快？什么才是最好的防疫手段？你可能对这些问题充满兴趣，甚至自己就有一整套探究这些复杂问题、解释这些复杂现象的稀奇古怪的想法。然而，你可能会觉得自己根本无法验证这些想法。有些问题动辄牵扯到整个国民经济的运作，怎么可能有人会听信你的想法？

1.1　如何探索复杂系统

但是，请不要走开！假如真有一种方法，让你在个人计算机上就能快速验证头脑中的想法，你愿不愿意一试呢？这种方法就是**计算机模拟**，或者叫**计算机仿真**。

大家都听说过这么一句话："给我一个支点，我能撬动整个地球。"阿基米德的这句话其实道出了杠杆原理，只要我们巧妙地选择支点的位置，就可以实现四两拨千斤，不管这个物体有多重。

与此类似，我说过这样一句话："给我一台计算机，我能模拟整个宇宙。"这句话道出了计算机模拟的普适和强大。可能很多读者会觉得我在吹牛，但其实随着近几年计算机模拟技术的突飞猛进，无论是庞大的宇宙，还是细胞生命现象，抑或人脑智能现象，全部能够被计算机程序模拟和实现。

为什么计算机模拟可以做各种系统的仿真和模拟呢？因为计算机是一个天然的模拟世界。

我们知道，所谓的宇宙，其实无非就是由时间、空间和物质构成的。那么对于一台计算机来说，它的 CPU 就是模拟世界的时间，而内存就是模拟世界的空间，物质其实就是那些 0、1 编码，而所谓的程序，其实就是模拟世界中的物理法则。

计算机还可以模拟各种复杂系统的运作。所谓复杂系统，就是指大量微观个体通过相互作用而链接形成的整体。比如，开篇提到的鸟群就是一个复杂系统，每只鸟都会跟随前面鸟的飞行而调整自己的飞行方向；再比如，自由市场也是一个复杂系统，每个买家和卖家都在一个共同的市场中互动，从而逐渐形成每一种商品的价格。

那么，我们只需要在计算机中模拟出这些微观个体的互动规则，就能够在计算机模拟的世界中观察它们宏观的互动结果了。于是，你便可以轻松地将自己的构想输入到计算机模拟程序中，并观察它的运行结果。对于开篇提到的那些复杂系统问题，你就可以动手写程序去验证自己的想法了。

1.2 多主体模拟

这种通过模拟微观个体的相互作用，从而实现对整个复杂系统的宏观现象模拟的技术有一个特别的名字，叫作**多主体模拟**（multi agents simulation，MAS），而构建这种多主体模拟模型的过程叫作**多主体建模**。这个工具非常厉害，它可以帮助我们解决现实世界的很多问题。

比如，大型集会的人群踩踏事件就是一个典型的复杂系统问题，而这个问题也恰恰是多主体模拟方法的用武之地。

2014 年 12 月 31 日临近午夜 12 点的时候，很多市民和游客聚集到上海市黄浦区外滩陈毅广场东南角，准备进行跨年庆祝活动。这时，人行通道阶梯处底部突然有人失衡跌倒，继而引发多人摔倒、叠压，致使拥挤踩踏事件发生。最后，该事件造成 36 人死亡，49 人受伤。

这种事件并非偶发，2018 年 9 月 9 日，在塔那那利佛马哈马西纳体育场举行的 2019 年非洲国家杯足球赛预选赛，马达加斯加队对塞内加尔队的比赛正在进行，仅能容纳 2 万人的体育场涌进了 4 万余名观众。体育场外大量球迷在入口处拥挤，导致踩踏事故发生，造成 1 人死亡，47人受伤，如图 1-1 所示。

图 1-1　马达加斯加体育场踩踏事故

这样的事故还有许多，在此不再一一列举。那么，我们如何防止这样的事件发生呢？一种可能的途径是通过改造现有体育场馆或人行街道的布局，例如在道路上人为设置一些引导，从而尽可能地避免踩踏事件发生。但问题是，这样的引导究竟怎么设置呢？这个问题就可以通过计算机中的多主体模拟方法来进行探索和回答。

解决这个问题的关键自然是在计算机中搭建一个可以模拟人群行动的多主体模型。只有当这个模型能够非常逼真地模拟实际情况的时候，我们才有可能在这个模型的基础之上讨论人为设置引导因素的问题。

要设计这样一个多主体模型，目前科学家们已经有了一个比较成熟的方案，叫作"社会力模型"。该模型将人群中的每个人设定为一个虚拟的智能**主体**（agent），它可以像人一样聪明地寻找门的位置，也可以跟其他模拟人进行互动。人和人的实际互动显然会非常复杂，比如他们可以聊天，可以手挽手，而在社会力模型中，我们显然要忽略这些复杂因素，而将人抽象成一个个粒子，将人和人之间的相互作用抽象成粒子之间的力。具体的建模过程，这里就不详细探讨了，感兴趣的读者可以去读《预知社会》这本书的第 6 章，也可以学习 GitHub 上 SocialForceModel 这个 NetLogo 程序。总之，如今这种人群模拟的多主体模型已经比较成熟了。

这样的话，我们就可以逼真地模拟人群疏散现象，并在这个模型的基础之上，进行大量模拟实验。比如，可以考察体育场馆中门的形状和位置是如何影响人群疏散效率的。那么，我们只需要在模拟世界里设定各种门的形状和位置，从而观察模拟人群疏散的效率（单位时间内的疏散人数）。总之，我们可以在这个模拟世界中做大量模拟实验，从而找到最优的门的形状和位置，如图 1-2 所示。

图 1-2　人群疏散模拟

科学家们通过计算机模拟得出了一个有趣的结论：在房间门口立一个圆形障碍物，不但不会妨碍人群疏散，反而会在紧急情况发生时，提高人群的逃生速度。原来，当危机出现时，人们由于恐慌会盲目地涌向门口，从而导致人和人之间的摩擦力和阻塞力增大，甚至可能导致有些人卡在门口，这大大降低了疏散效率。反之，如果在门口前方立一根圆柱，更多的人就会被这根柱子挡住，从而卸掉部分人群的压力，使得更多的人能够高效地从门口逃生出去。这就是为什么很多建筑物门口立着一根"讨厌的"大柱子。

这就是典型的多主体模拟的一个应用场景。实际上，最近几年这种多主体模型大量出现，让我们可以模拟包括社会、经济、政治、文化在内的一系列复杂现象。

1.3　为什么要学习 NetLogo

看完刚才的例子，你大概会觉得多主体模拟方法很强大，很好用，于是跃跃欲试想构建自己的多主体模拟模型。但是，一个现实的问题马上就会让你冷静下来：我要怎样构建这样的模型呢？如果要用 C 语言、Python 这样的编程工具构建一个类似于体育场馆人群疏散问题的多主体模型，的确不那么简单。你至少要先熟悉这些编程语言的语法，懂一些面向对象编程的知识，还要学会如何用这些编程语言去画图、做动画、分析统计数据，等等。换言之，这些编程工具无法让你一下子把注意力集中到实现多主体模型的互动规则本身上，而是要先把大量精力放到如何搭建这样的平台等非核心问题上。

所以说，工欲善其事，必先利其器。要想搞多主体模拟，就必须借助专业的多主体模拟平台，这样才会更省力。说到多主体模拟平台，目前已有不少，比如 Swarm、Repast，还有比较新的如 AnyLogic 和 NetLogo 等。而在所有这些平台中，NetLogo 是最适合入门的好工具。

为什么这么说呢？因为 NetLogo 有如下几大特点，特别适合初学者学习使用。

一、上手简单

这一点对于初学者来说是最关键的因素。笔者（张江）在北京师范大学给一年级本科生开过一门名为"复杂性思维"的课程，在这门课程中，NetLogo 是他们的必学工具。事实证明，无论什么专业，哪怕是文科生，所有一年级的本科生都能轻松入门，动手开发出简单的多主体模拟程序。

NetLogo 之所以这么友好，首先是因为它的界面异常地简单清晰，连新手都可以很轻松地在上面开发程序。2.1 节会讲到，只需要点几下鼠标，写下几行代码，就可以完成一个多主体模拟程序。

其次，从编程语言上来说，NetLogo 采用了一种类似于自然语言（英语）的语法，自然且直接，这就使得没有任何编程基础的人反而会比有一定编程基础的人更容易上手。

但不得不承认，这只是对于入门来说的。如果要完成大型项目，甚至成为 NetLogo 高手，那么，基础的编程知识和基本的逻辑思维训练还是必需的。所以，到了后期，具有编程经验的学生显然会更有优势。

二、范例丰富

互联网时代，我相信即使是最有经验的程序员，也不会亲自敲所有代码，而会到网上借鉴别人的代码或思路。同样，我们学习 NetLogo 也要借鉴更多的代码范例。

好消息是，安装 NetLogo 之后就会自动获得一个丰富的范例库，其中包含了上百个不同领域的多主体模型。所以，你完全不需要自己从零开始构建模型，而是应该从这些范例库中找到可以借鉴的，然后加以改造。这样做，你不仅可以学到 NetLogo 高手是如何写程序的，还能够更加高效地完成自己的任务。

三、功能强大

尽管 NetLogo 有着"傻瓜式"的界面和语法，但并不意味着它的功能也很简单。事实上，随着使用 NetLogo 的经验越来越丰富，你会发现这是一个深不见底的巨大宝库。

首先，你既可以按照默认模式把它当作模拟世界中的乐高玩具去搭积木，也可以将面向对象编程、并行计算，甚至是分布式人工智能等高端理念揉进自己的 NetLogo 程序之中，它都能胜任。总而言之，NetLogo 是一个通用的编程工具，理论上，它可以实现任何任务。

其次，NetLogo 其实不仅仅是一个编程工具，它还是一个平台，集成了很多其他工具。比如，要想完成系统动力学的模拟，你可以使用它的"System Dynamics Modeler"模块（见第 10 章）；再比如，为了重复实验并分析数据，你可以使用它的"BehaviorSpace"模块（见第 8 章）。

最后，NetLogo 还有很多高级玩法。比如，你可以将 NetLogo 与 C 语言或著名的数学软件 Mathematica 相连，从而动态地调用这些开发工具的强大功能。你甚至可以将 NetLogo 布局到局域网环境中，实现多台计算机的联动，从而完成一些小型的多人博弈实验。

接下来，我们就来看几个用 NetLogo 程序实现的多主体模拟的简单例子。

1.4　生命游戏

第一个例子是一个非常著名的游戏，叫作"生命游戏"。这个游戏并不是人和计算机玩的，而是计算机自己跟自己玩的。这个游戏的开发目的既不是为了供人们娱乐，也不是为了模拟现实中的实际场景，而是为了展示简单的互动规则就足以产生丰富多彩的复杂现象。

这是一个由大量黑白方格组成的世界，每一个方格都可以看成一个主体，每一个主体都可以跟它周围的 8 个邻居发生相互作用。我们不妨做一个比喻，假设黑色方格表示这个生命体是活的，白色方格表示这个生命体是死的，而且这些生命体都不能移动，只能在自己的方格里待着，如图 1-3 所示。

图 1-3　生命游戏

生命游戏的规则如下。

❑ 出生：如果某方格为白，周围的 8 个邻居中有 3 个方格为黑，则该方格变黑。

❑ 过分拥挤而死亡：如果某方格为黑，周围的 8 个邻居中黑色方格的数量超过或等于 3 个，则该方格变白。

❑ 过分孤独而死亡：如果某方格为黑，周围的 8 个邻居中黑色方格的数量少于 2 个，则该方格变白。

❑ 其他情况颜色不变。

根据上述简单规则，生命游戏就可以产生非常复杂的现象。下面我们通过模拟程序展示用 NetLogo 做出来的生命游戏。

打开 NetLogo 软件，在"文件"菜单下单击"模型库"，如图 1-4 所示。

图 1-4　NetLogo 软件界面

模型库中就有我们要展示的生命游戏，如图 1-5 所示，这是一个绿红相间的方格世界。

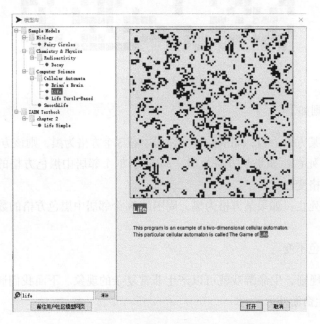

图 1-5　NetLogo 自带的生命游戏（另见彩插）

开始的时候，只要单击"setup"按钮，就会用一些随机的红色方格和绿色方格来进行填充。

接下来，单击"go-forever"按钮，整个世界就会按照前述简单规则运转。我们很快就会看到一个类似于沸腾的屏幕，上面闪烁着各种各样的花纹。

开始时你可能觉得这些花纹比较随机，但是随着游戏演化，你会发现，慢慢地大量随机的花纹消失了，出现了一些看起来比较对称的花纹，有时候甚至会产生一些令人非常惊叹的结构，如图1-6所示。

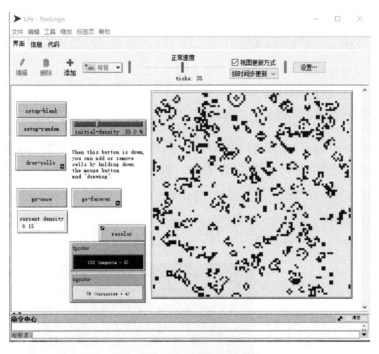

图1-6 运行中的生命游戏

这就是所谓的生命游戏世界。别小看这样一个生命游戏世界，数学家们花费了大量精力就证明了一件事：这个生命游戏世界理论上可以模拟任意的计算过程。也就是说，你在计算机中可以计算的任何程序和内容，都可以让生命游戏来完成计算。所以生命游戏的发明者约翰·康威曾经说过这样一段豪言壮语："如果给我充足的时间和空间，我将能够用生命游戏创造出任何你能想到的复杂事物，包括能够撰写博士论文的智慧生命。"

1.5 鸟群模型

第二个例子是模拟鸟群飞行。我们经常会看到鸟聚集成群，飞行时形成各种队形，姿态非常优美。当它们朝向一个障碍物飞行的时候，会动态地分成两队，在越过这个障碍物后，又能够聚合到一起。

那么究竟是谁带领这些鸟形成不同队形的？实际上，模拟程序告诉我们，并不需要一个领导者来发号施令，只需要让所有鸟都遵循一种非常自然的简单规则，一群鸟就有可能形成复杂的队形。

其中每一个主体都是一只模拟的鸟，每只鸟都有视野半径，只有其他鸟出现在它的视野半径内，才会对它造成影响。

我们为这些鸟设置 3 条简单的规则。

- ❑ 聚集：尽量靠近邻居。
- ❑ 对齐：与邻居飞行方向保持一致。
- ❑ 分离：如果和其他鸟靠得太近，则远离。

接下来看一看 NetLogo 自带的鸟群模拟程序。同样打开模型库，找到 Flocking 模型。开始的时候我们可以看到，这群模拟的鸟散落在屏幕上，如图 1-7 所示。

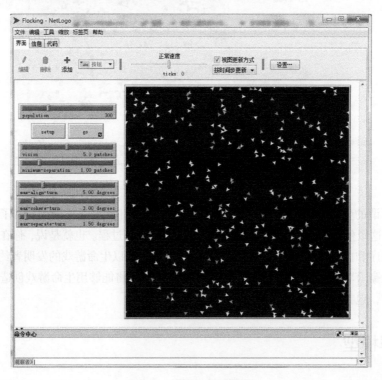

图 1-7　初始化鸟群模型

　　然后单击 "go" 按钮，它们就会按照前述 3 条简单规则发生聚集。你会发现，这些鸟慢慢会形成一系列鸟群。我们稍微调快一点儿模拟速度，让鸟群飞得快一点儿，你就会发现这群鸟很快就会形成几个队形，一会儿排成 "一" 字，一会儿排成 "人" 字，如图 1-8 所示。

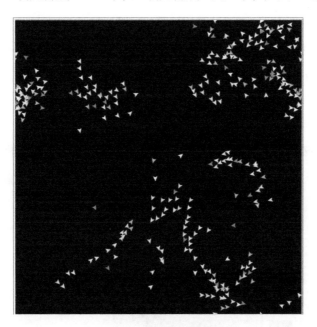

图 1-8　鸟群模拟图像

　　对于每一只鸟下一时刻将会朝哪个方向飞，很难进行预测，我们只有 "钻" 到代码里，去看每一只鸟所面对的环境，才能给出相应的答案。这种在模拟程序中出现了超出程序员事先构想的现象或行为称为 "涌现"。

1.6　财富分布模型

　　最后看一个模拟人类社会的例子。在人类社会中，财富分布非常不均衡，存在着著名的二八定律，即 80% 的人拥有 20% 的财富，而 80% 的财富被 20% 的富人拥有。

　　为什么会有这样的不均衡现象呢？

　　本节的模拟程序将会模拟这种财富分布不均衡的起源，这个程序的设计规则非常简单。

- ❑ 每一个主体就是一个人，这个小人会在我们创建的模拟世界里游走。
- ❑ 方格可以生长谷物，方格越黄表示这个地方产生的谷物越多。
- ❑ 人需要采集谷物以维持生存。

- 每个人收集到的谷物就是他的财富。
- 谷物消耗尽，人就会死掉。
- 新人出生：一个主体死掉的同时，这个世界会随机产生一个新的主体。

需要注意的是，每一个人对谷物的代谢率是不一样的。有的人代谢快，有的人代谢慢，代谢快的人就必须快速地采集资源，否则他就很容易死掉，而代谢慢的人可以缓慢地积累谷物资源。

经过长时间的运行，我们就可以看到谷物财富在这些人之间的分布情况，收集到的谷物越多就代表越富有，否则就越贫穷。这里也可以用不同的颜色来表示穷人和富人，比如红色表示穷人，蓝色表示富人。

接下来我们看一看模拟程序，NetLogo 模型库里也提供了财富分布的模型，如图 1-9 所示。

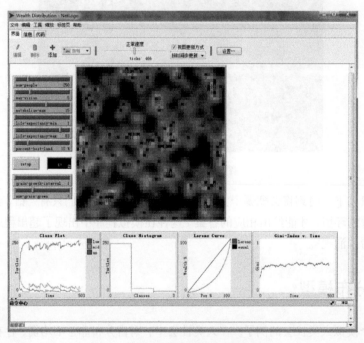

图 1-9　财富分布模型（另见彩插）

初始化世界，然后单击"go"按钮，这群小人就会开始寻找周围的谷物，并且去采集它，消耗它。有的主体没有食物就会死掉，而新的主体又会诞生。

NetLogo 有几条曲线，它们可以定量地刻画这样一个模拟社会的财富分布不均衡性。

Class Plot 展示的是三类人的数量：红色表示非常贫穷的人；蓝色表示非常富有的人，该群体的数量非常少，大概有 100；绿色表示中产阶级，财富水平在平均值的位置。绝大部分是财富水平比较低的人，如图 1-10 所示。

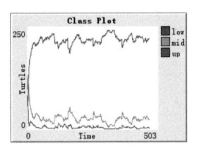

图 1-10　Class Plot（另见彩插）

Class Histogram 用另一种方式展示这三种级别，以及穷人、中产和富人的数量对比情况。如果我们进行定量计算，就会发现它其实也满足幂律分布，而且符合所谓的二八定律，如图 1-11 所示。

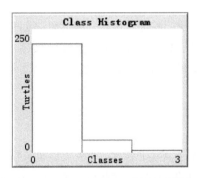

图 1-11　Class Histogram（另见彩插）

图 1-12 所示的这条曲线叫作**洛伦兹曲线**（Lorenz curve），它能够反映财富分布不均衡现象，红线越弯曲，表示社会财富分布的不均衡程度越高。

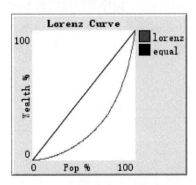

图 1-12　洛伦兹曲线（另见彩插）

最后一条曲线展示的指标叫作**基尼系数**（Gini coefficient），这是一个国际通用的衡量财富分布不均衡性的指标，它的数值越大，表示社会的财富分布越不均衡。在这里，模拟社会中的基尼系数是 0.5 左右，表明财富分布已经非常不均衡了，如图 1-13 所示。对于绝大多数国家来说，基尼系数在 0.4 或 0.3 左右。

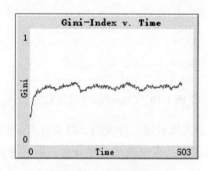

图 1-13　基尼系数

通过这样一个简单的设定，我们验证了这样一种猜想：也许财富分布的不均衡性并不一定来源于分配制度的不合理，而很可能是资源分布的差异性导致的。模拟程序表明，只要各个主体的新陈代谢率不同，并且它们所处的位置不同，就足以产生财富分布不均衡现象了。

1.7　小结

诸如此类的多主体模拟的例子其实非常多，大家可以自行探索 NetLogo 中的模型库，这些模型涵盖的学科方向也是五花八门的。相信在这些模型中，你一定会找到最感兴趣的那一个，可以自己探索一番。

接下来的章节将通过若干多主体模型的例子系统性地介绍如何利用 NetLogo 编写多主体模拟程序。我们会从简单到复杂、由浅入深、循序渐进地展现 NetLogo 的使用方法。希望读者不仅能够掌握 NetLogo 的编程技巧，还能够培养计算机建模的思维方式，即针对具体问题，能够对其进行拆解，将其转化为计算机模型，并运行出结果。其实，这种能力才是解决实际问题时最有用的，而且会让你受益终生。

第 2 章

小球宇宙：认识 NetLogo

本章将介绍第一个 NetLogo 多主体模型，一个有很多小球在模拟宇宙中穿梭的简单模型。通过这个模型的搭建，读者将初步认识 NetLogo 语言，并亲手创建一个模拟宇宙。听上去是不是很刺激？打开软件，我们一起体验当造物主的感觉吧！

2.1 什么是小球宇宙

大家一定都玩过桌球吧？在一个桌面上，一大堆小球飞快运动又撞来撞去。我们要实现的第一个模拟世界和桌球很像，称为"小球宇宙"。为了简化，我们假设这些小球彼此之间没有任何相互作用，当它们相遇的时候会穿越过去。此外，我们也不考虑小球和桌面之间的摩擦力，因此，小球始终会保持匀速直线运动。这就好像，一堆小球星体保持自己的速度遨游在一个浩瀚的宇宙之中，因此，我们叫它"小球宇宙"。但是这样的话，小球迟早会飞出边界，于是我们假设这个宇宙是循环的。也就是说，如果小球从一边飞出了边界，它会从另一边再飞进来，这就像著名电影《黑客帝国 III》开头的场景一样。如图 2-1 中圈出的小球，当它从左边飞出，会从右边飞入。

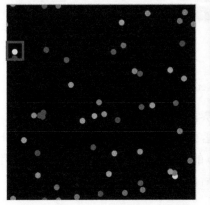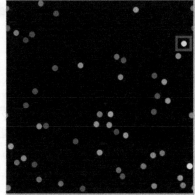

图 2-1　小球在循环世界运行

接下来我们开始构建这个模型。通过这个例子演示如何操作 NetLogo 界面，如何编写程序，以及如何设置模拟环境。

建模前，首先要安装 NetLogo。我们可以从 NetLogo 官网下载并安装模拟环境，也可以直接运行它的 Web 程序，如图 2-2 所示。

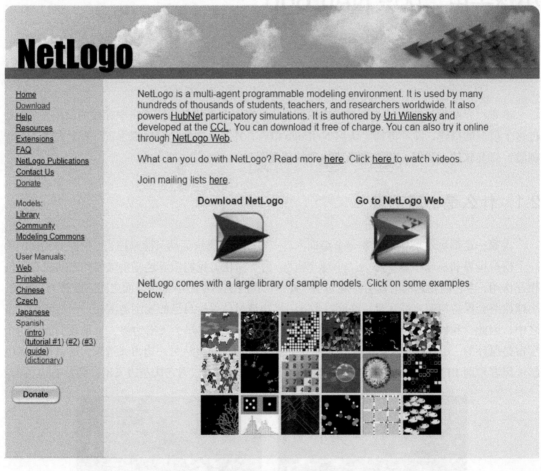

图 2-2　NetLogo 官网

打开 NetLogo 程序会看到一个非常简洁的界面，分成了 3 部分，如图 2-3 所示。最上面是一些按钮和滑块；中间黑色的屏幕就是模拟世界运行的舞台，小球将在里面移动；最下面有"命令中心"和"观察者"，这是另一种使用 NetLogo 的方式，即我们可以通过在"观察者"部分输入一些简单的指令来跟系统进行会话，输入指令后，命令中心就会返回相应的结果。

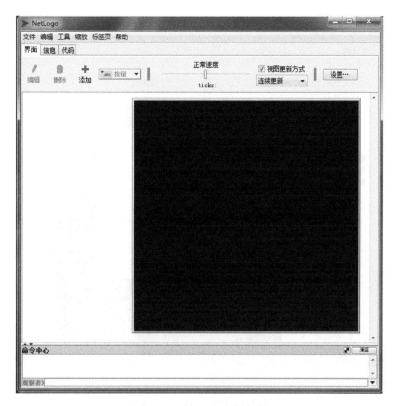

图 2-3　NetLogo 开发环境

2.2　搭建宇宙框架

接下来我们直奔主题，构建小球宇宙的程序。

首先，单击"添加"按钮，在单击之前要注意右侧的下拉框，应选择"按钮"，这样才能保证创建的是一个按钮控件。单击"添加"以后，就可以在白板的任意位置单击鼠标左键，这时会出现一个按钮和一个弹框，弹框内有很多文字，你可以先不管它，直接聚焦命令框，输入 setup，就创建了一个按钮，如图 2-4 所示。

这时按钮上的文字也变成了"setup"，单击该按钮，就会执行 setup 命令。

这个 setup 是什么意思？实际上，它的功能就是完成小球宇宙的初始化工作。但是当你单击"确定"以后，会发现按钮上的 setup 是红色的，这表示当前按钮没有任何功能，所以单击"setup"按钮没有反应。只有双击按钮才会再次弹出弹框，告知 setup 尚未定义，因为你没有编写程序。

图 2-4   添加"setup"按钮

2.2.1   创建小球

把鼠标指针移到最上边，我们会看到"界面""信息""代码"3 个按钮，分别对应 NetLogo 的不同页面。"界面"就是现在使用的这个页面，"信息"页面用于写说明文档，"代码"页面用于编写程序。让我们打开"代码"页面。

接下来我们给"setup"按钮编写程序，只需输入如下命令。这里有一些基本语法，我们要用 to 和 end 包裹中间的代码：

```
to setup

end
```

当这两行代码添加到"代码"页面时，你就会发现 setup 的字体颜色已经由红色变成了黑色，但是单击后并没有任何反应，因为还没有写具体可执行的指令。

接下来我们继续输入指令：

```
create-turtles 50[

]
```

这段指令表示创建 50 个 turtle。

这里我们有必要介绍一下 turtle。

早期 NetLogo 语言的灵感来源于乐高玩具。乐高非常受小朋友的欢迎，也为小朋友开发了很多版本的乐高机器人。早期乐高机器人的形状非常像一只海龟（turtle），因此后来 NetLogo 在开发过程中，就把智能**主体**（agent）命名为 turtle。所以我们创建一个智能主体就是在创建一个 turtle。20 世纪 90 年代，Uri Wilensky 把乐高语言扩展成了一个软件，就是今天我们使用的 NetLogo，因此可以说 NetLogo 与 turtle 有着密不可分的联系。

在这个例子中，turtle 当然就是小球了。

创建了 50 个 turtle 后，我们切换到"界面"，再次单击"setup"按钮就有反应了，然而并没有像我们想象的那样有 50 个小球在屏幕上，好像只有一个球在中心位置上，如图 2-5 所示。但是当我们放大这个球，就会发现它是由很多小三角堆叠而成的。

图 2-5　50 个小三角堆叠形成的球

这是因为在默认情况下，turtle 是一个小三角形，默认位置在屏幕中心。因此当我们使用 create-turtles 命令创建 turtle 时，这 50 个小箭头就会像叠罗汉一样叠起来。

这当然不是我们想要的样子，那怎么让这 50 个小球分开呢？下面我们来写[]内的代码：

```
create-turtles 50[
    setxy random-xcor random-ycor
]
```

只需要设置 turtle 的横纵坐标即可。以中心(0, 0)为原点，X 轴为横坐标，Y 轴为纵坐标，所以当我们用 setxy 指令的时候，实际上就是在设置每个 turtle 的 X 坐标和 Y 坐标。

X 坐标和 Y 坐标怎么取值呢？random-xcor 表示随机选取横坐标；同理，random-ycor 表示随机选取纵坐标，组合起来就是点散落在屏幕的随机坐标位置上。

再次单击"setup"按钮，就会发现屏幕上确实散布了 50 个 turtle，它们的位置都是随机的，美中不足的是，刚才 50 个小球叠成的罗汉球还存在。

那怎么清除它呢？只需要在 create-turtles 前面加上如下代码：

```
clear-all
```

此句表示清空界面上所有内容。这时单击"setup"按钮，中间的小球就消失了。

每单击一次，这 50 个 turtle 就重新排布一次，每一次位置都是随机的，但目前这样的状态还是不太理想，最主要的原因是我们的 turtle 不是球体，而是一堆小箭头，能否把它改成小球的样子呢？

接下来我们就来改变 turtle 的形状，只需要输入下面的指令：

```
set-default-shape turtles "circle"
```

语法很自然，意思是调用 set-default-shape 命令，设置 turtle 的默认形状为"circle"。这里 circle 加双引号表示它是一个系统保留字，这样系统就会自动识别出来这是一个圆形。

再次单击"setup"按钮，turtle 就变成了小球的样子，如图 2-6 所示。

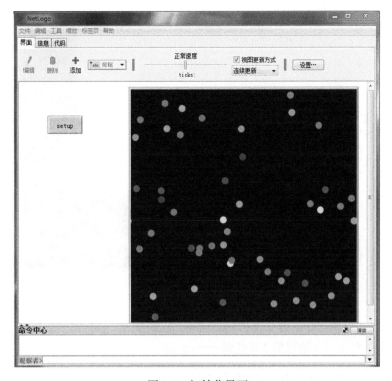

图 2-6 初始化界面

完整的 setup 代码如下：

```
to setup
    clear-all
    set-default-shape turtles "circle"
    create-turtles 50[
        setxy random-xcor random-ycor
    ]
end
```

这样就创建好了有 50 个小球的虚拟宇宙，接下来怎么才能让这些小球动起来呢？

2.2.2　让小球动起来

我们继续添加第 2 个按钮。与添加"setup"按钮操作相同，在弹框的命令框中输入 go，并勾选"持续执行"复选框（如图 2-7 所示），否则你会发现小球不会动。勾上后，"go"按钮的右下角会多出一个小符号，这个符号的意思是，按下"go"按钮程序会持续循环执行，按钮会始终处于按下的状态而不会弹起，因此我们的模拟程序才会持续运行下去。

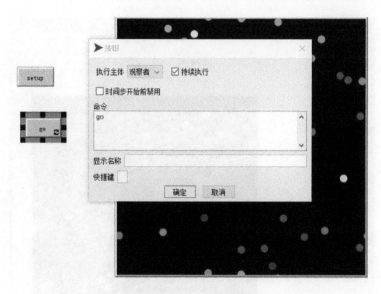

图 2-7　添加 "go" 按钮

单击 "确定"，就创建好了第 2 个按钮。同理，也需要为 "go" 按钮编写相应代码。我们再次切换到 "代码" 页面，开始写第 2 段代码——to go。

同样以 to 开头，以 end 结束，在中间加入指令：

```
to go
    ask turtles[
        forward 1
    ]
end
```

这段程序要实现让所有小球都可以匀速直线运动。ask 指令表示要遍历所有 turtle，让每一个 turtle forward 1。forward 表示往前移动，1 表示移动的距离是 1 个单位。

完整的 to go 代码块就表示在执行 go 的每一个循环周期内，遍历所有 turtle，让每一个小球都往前移动 1 个单位。

现在回到 "界面"，单击 "go" 按钮，就会看到小球动了起来。这些小球好像是匀速直线运动，但是太乱了，因为运行速度过快。我们可以通过调节速度滑块来调整运行速度，滑块往左调，运行就会变慢，当调到合适的位置，就可以看清楚小球的运动轨迹了，如图 2-8 所示。

注意观察，就会发现如 2.1 节所述，小球如果从左边消失，就会在右边出现。同理，小球如果在下方消失，就会在上方相应的位置再次出现。也就是说，小球宇宙是一个左右连接、上下也连接的循环世界，是什么样子呢？是一个球体吗？

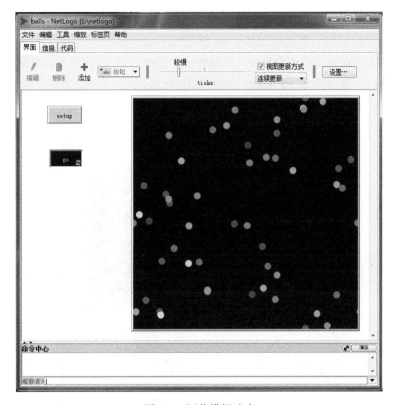

图 2-8 调节模拟速度

实际上不是的，小球是在一个环面上运行的。为什么是环面呢？大家不妨做一个实验，找一张矩形的纸，把它的左右两侧用胶水粘起来，再把上下边缘弯出一个弧度，同样用胶水粘起来，得到的就是如图 2-9 所示的一个类似于环面的曲面。

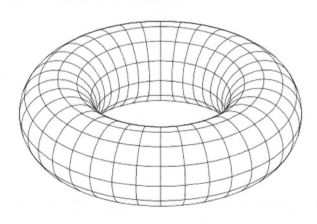

图 2-9 宇宙的几何形状

2.2.3   修改宇宙属性

接下来我们看看能否对模拟世界的一些属性进行更改。鼠标右击黑色的屏幕，选择第 1 个按钮——edit，此时同样会弹出一个弹框，如图 2-10 所示。这个弹框就比较复杂了，它有很多元素，我们来看一看各元素分别对应什么内容。

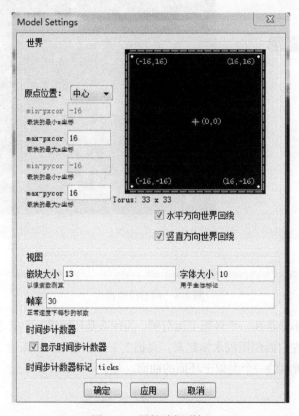

图 2-10   属性编辑弹框

第一个是"原点位置"下拉框，它的默认选项是"中心"，表示原点位置在黑色屏幕的中心。图 2-10 中 33×33 的黑色屏幕就是模拟世界的坐标系。如果你学过 C 语言、Python 或其他编程语言，就会注意到，这个小细节使得 NetLogo 更加友好，因为通常情况下，编程语言的坐标原点在屏幕左上角，正方向是向下的，这就给用户造成很大的不便，而 NetLogo 的坐标系就非常友好。

接下来的几个文本框能够改变模拟世界的大小。

❑ max-pxcor：横坐标最大值，当值为 16 时小球宇宙的宽度就是 32，我们可以通过更改其值来改变模拟世界的宽度。

❑ max-pycor：纵坐标最大值，同理，更改它的值可以改变模拟世界的高度。

坐标系下方的两个复选框对应边界的循环条件，默认是勾选上的，表示模拟世界是左右连接、上下连接的。去掉勾选再运行程序，就会发现小球最终会粘在边界线上，因为现在的宇宙边界是固定的，小球不能穿越，所以运动到这里就不能移动了。

再下方视图部分的"嵌块"相当于模拟世界的分辨率，和屏幕的分辨率类似。嵌块的英文是patch，也称瓦片。这就是说，模拟世界是由大量 patch 拼接而成的。我们可以把 patch 的值由 13改为 10，再看屏幕发现变小了，实际并不是模拟世界变小了，而是每一个 patch 变小了。

好了，这个例子就讲解到这里，你可以自己探索一番。

2.3　模拟程序的流程图

不知道你有没有发现，用 NetLogo 写一个模拟程序非常简单，其实 NetLogo 已经把很多模拟程序的细节隐藏到自身的框架下面了。假如你尝试用 C 语言或 Python 完成同样的小球宇宙，就会发现过程没那么简单。传统编程语言最主要的麻烦还不是语法烦琐，而是它们的设计思路并非为了模拟服务，更多是实现过程性的算法。而使用 NetLogo 写程序，虽然完成的也是一个个算法过程，例如 to setup 和 to go 就是这样的过程，但是 NetLogo 会自动将这些过程串起来，实现一个整体的模拟世界。

那么，如果非要用 C 语言或 Python 完成同样的模拟程序，就必须将 NetLogo 自动实现的那些算法过程手动写出来。这里我们以流程图的方式展示，它不仅更清晰，而且不必拘泥于其他编程语言的语法细节。那么，在刚才这样一个简短的程序中，我们实际上实现了如图 2-11 所示的程序流程。

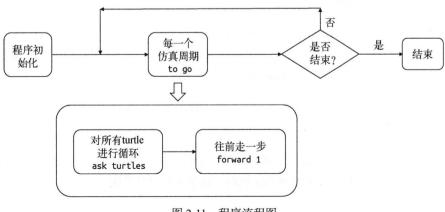

图 2-11　程序流程图

如果你本身就编程经验丰富，看这个流程图是不是感觉逻辑更清楚一些？

在流程图中，首先是程序的初始化，即"setup"按钮所执行的功能，具体实现了创建 50 个小球、清除屏幕和改变小球形状的功能。这就相当于你打游戏的时候，游戏会有加载装备和场景的过程，它们都是初始化过程。

初始化完成就会进入循环，即按下"go"按钮，它会触发一个持续的循环。在每一个周期内，go 的作用就是不停地激活 to go 代码，并且对所有 turtle 进行循环，让每一个 turtle 往前移动一步。

接下来程序要做一个判断：是否结束当前 to go 动作？我们可以在"界面"按下"工具"→"停止"，停止模拟；也可以再次单击"go"按钮，这样模拟就会停止。实际上，可以把这个判断理解为——是否再次按下"go"按钮，如果没有按，循环继续执行，反之则结束程序。这就是上述模拟程序的模拟流程。

这样的流程同样适用于本书将讲解的各种模拟程序。甚至网络游戏也是这样的模拟循环，只不过在每一个 to go 循环内，所做的动作非常多，包括完成各种图形渲染、人工智能以及物理引擎等不同的功能。所有计算机模拟程序都具备类似的循环流程，这就是模拟程序与一般程序最大的不同。

2.4 NetLogo 的特点

通过以上简单的例子，我们可以总结出 NetLogo 的特点。

(1) 它最大的特点就是小巧轻便。目前 NetLogo 的最新版本已经可以直接在 Web 上使用而无须下载安装，如图 2-12 所示。

(2) NetLogo 简单易学，特别适合初学者。它跟 C、C++等编程语言完全不一样，它是一种面向对象语言，而且语法比较独特，如果你有 Python 或者 C 语言这样的高级编程语言基础，可能开始的时候不适应，但是经历过这个阶段就会发现 NetLogo 很容易上手。

(3) NetLogo 有非常强大的跟外部沟通的能力，比如它可以通过多种形式输出内容，包括文件、音频、视频，等等。

(4) NetLogo 还可以通过连接像 Mathematica 这种强大的数学软件，扩充开发功能。因此，NetLogo 是一个非常小巧轻便、易学易用，同时功能强大的软件系统。

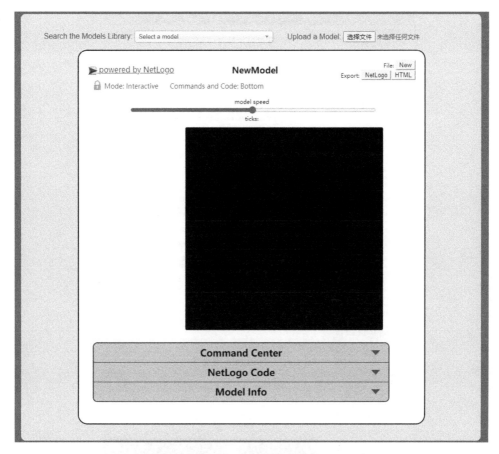

图 2-12　Web 版 NetLogo

2.5　学习资源

相信通过第一个例子你会发现，写一段 NetLogo 程序非常简单。大家可能已经跃跃欲试，想进一步扩大战果了。下面我提供一些学习建议，其实学习 NetLogo 编程有很多资源可以利用。

首要推荐 NetLogo 自带的模型库（如图 2-13 所示），即 Model Library，我们只需要打开 NetLogo 模型库就可以使用。

模型库包含很多目录，这些目录是按照领域进行分类的，每一个条目都对应了一个模拟程序。比如我们在 Art 目录下找到 fireworks 并打开，这原来是一个模拟烟花在空中绽放的程序（如图 2-14 所示）。它可以直接运行，单击上面的 "代码" 按钮就会看到这个程序的代码。模型库里的所有程序都自带代码，这样你就可以根据模型库里的程序学习如何编写 NetLogo 代码了。

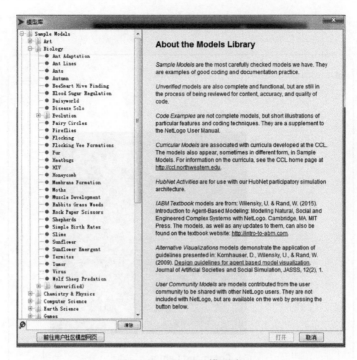

图 2-13 NetLogo 模型库

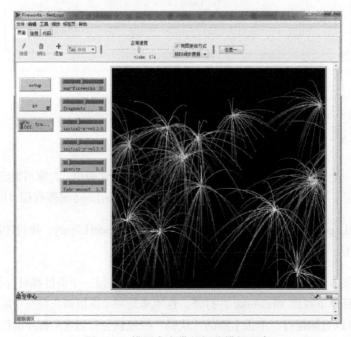

图 2-14 模型库自带的烟花模拟程序

当然，如果你觉得难度比较大，建议阅读 NetLogo 的中文手册，充分利用 NetLogo 自带的字典；也可以去网上查找相关资源，比如豆瓣就有一个 NetLogo 小组。

最后提一个学习建议：多使用，多实验。在实验过程中，体会会更深刻。

2.6　小结

首先，我们构建了第一个 NetLogo 程序。在构建程序的过程中，要注重掌握两大知识点：如何添加按钮以及如何给按钮添加相应的代码。然后，简单讲解了如何通过设置修改模拟世界的一些属性。最后，总结了 NetLogo 软件的特点。

附：小球宇宙的全部代码如下。

```
to setup
    clear-all
    set-default-shape turtles "circle"
    create-turtles 50[
        setxy random-xcor random-ycor
    ]
end
to go
    ask turtles[
        forward 1
    ]
End
```

第3章

通过"生命游戏"认识 patch

通过前两章的学习，相信大家对 NetLogo 是什么，以及如何编写 NetLogo 程序有了初步的认识。本章将再次回顾生命游戏这个简单的程序。通过编写程序，我们将进一步认识 NetLogo 的一个非常重要的对象——patch。

3.1 什么是生命游戏

生命游戏是一个非常简单的程序，是由著名数学家约翰·何顿·康威（John Horton Conway）于 20 世纪 70 年代提出的。

生命游戏的基本逻辑是：某个体的生命状态受到邻近个体生命状态的支配。这种生命状态在现实中有多种表现，如生命体的生存或死亡、商圈内某商户的进驻或撤出。试想一下，一家大型商场中，某一类型的餐饮经营所能容纳的商户数量是受限的，如果周围同质化的商户太多（比如好几家川味火锅店开在了一起），而该商场的客流总是有限的，因此过于激烈的竞争必然导致其中一些商户无法抢夺到客流，从而被迫退出竞争。然而需要注意的是，一定区域内同质化的商户不只有竞争的一面，它们也会带来各自原有的客流（如海底捞的忠实粉丝来到这里，发现旁边有一家"河底捞"，那他下次有可能会来尝试这一家"河底捞"），因此如果一个商场内相似的商户太少，也可能导致彼此之间无法受益，从而造成亏损而退出。生命游戏正是这样一种强调个体依存关系的理论模型。

现在，我们把例子中的一个个商户想象成一个个"方格"，如果商户是同质化的，那么它们的方格颜色相同；把同质化的商户对彼此的影响范围规定在其周围的 8 个方格中。

生命游戏的世界就像是一个外星生物空间，这个空间由黑白方格构成，黑色方格代表该生命体是活的，白色方格代表该生命体是死的，每一个方格周围都有 8 个邻居，邻居的颜色决定了当前这个方格的颜色变化。

第1章曾讲过生命游戏的规则，下面简单回顾一下。

- 出生：如果某方格为白，周围的8个邻居中有3个为黑，则该方格变黑，如图3-1所示。
- 过分拥挤而死亡：如果某方格为黑，周围的 8 个邻居中黑色方格的数量超过 3 个，则该方格变白。
- 过分孤独而死亡：如果某方格为黑，周围的 8 个邻居中黑色方格的数量少于 2 个，则该方格变白，如图3-2所示。
- 其他情况颜色不变。

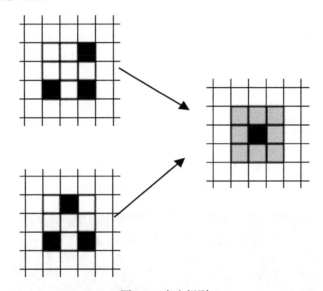

图 3-1　出生规则

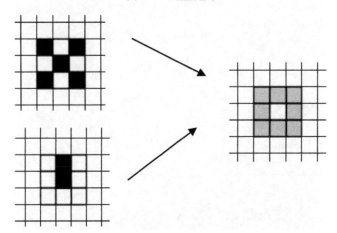

图 3-2　死亡规则

出生规则和死亡规则合起来就能够衍生出非常复杂的涌现现象，之前已经展示过了。本章将介绍如何在 NetLogo 中实现这两套规则，从而自己编制出生命游戏。

3.2   认识 patch

首先，要想完成这样一个生命游戏，需要大量方格。方格从哪里来呢？幸运的是，NetLogo 自带这些方格。每一个方格就叫作一个 patch，翻译成中文是嵌块、瓦片的意思。

第 2 章讲过，NetLogo 的模拟世界本身就是由大量 patch 平铺而形成的。有多少个呢？根据坐标算一算，它一共有 33×33 个，其中每一个 patch 都是一个独立的对象，都有自己的属性。比如它有自己的颜色（pcolor）、标签（plabel、plabel-color）、横纵坐标（pxcor、pycor）……使用起来非常方便。

3.3   创建模拟世界

直接打开 NetLogo 运行环境，你将会看到一个黑色的世界，其实全部是黑色的 patch。但是我们想要的初始化条件是图 3-3 那样黑白 patch 随机分布的状态。

图 3-3   生命游戏初始化状态

如何创建这样的模拟世界呢？关键在于如何创建这些随机的白色 patch。这里提供一种思路：访问所有 patch，然后按照一定概率把一些 patch 变成白色，这样就得到了一个黑白完全随机化的初始条件。

3.3.1 random-float 命令

如何完成这一系列操作？此处要用到 random-float 命令。

它的一般格式是：random-float x。

random-float 命令的作用是产生一个 0 到 x 之间的随机数，这里的 x 是 random-float 这个函数的一个输入变量，即输入的参数。

举个判断语句的例子：

```
if random-float 1 < 0.5[
    ......
]
```

如果 x 为 1，那么 random-float 1 的作用就是产生一个 0~1 之间的随机数，if 判断语句相当于满足 if 条件的时候，才执行方括号内的语句。因此整个语句就表示，如果 random-float 1 产生的随机数小于 0.5，则执行方括号内的语句。

3.3.2 初始化模拟世界

接下来用 random-float 和 if 语句实现随机初始化。进入 NetLogo "界面"，创建一个初始化的按钮，即 "setup" 按钮，单击 "确定" 以后，在 "代码" 页面给 "setup" 按钮编写程序。

```
to setup

end
```

首先用 to setup 和 end 将要编写的初始化步骤包起来，按照刚才的思路，对所有 patch 进行循环。

```
ask patches [
]
```

跟第 2 章中出现过的 ask turtles 类似，ask 加上一个集合，其作用就是对集合中的所有元素进行循环，相当于：

```
for each patch in patches
```

方括号内这部分语句,就是执行循环的时候,针对当前某一个 patch 要做的操作。因为这个 patch 现在肯定是黑色的,所以我们要做的,就是按照一定的概率把它变成白色的,如下所示:

```
if random-float 1 < 0.3[
    set pcolor white
]
```

这个语句就用到 random-float 命令,产生一个 0~1 之间的随机小数,如果这个数小于 0.3,就执行 if 方括号内的命令。

括号内的 set 语句是一个赋值语句,它会把当前 patch 的颜色 pcolor 设置成白色。在 NetLogo 中,赋值语句的语法并不是用等号来完成的,而是用 set,而且它的变量名和值是用空格隔开的,一定要注意这一点。

那么整个 if 判断的作用就是以 0.3 的概率把当前这个 patch 的颜色变成白色。再加上 ask patches 对所有 patch 进行循环,整体效果就是产生 30%的白色 patch,剩余 70%是黑色 patch。

如果你还不理解这个过程,可以复习一下伯努利随机过程,相当于抛 N 枚硬币,每枚硬币正面朝上的概率是 0.3,请问平均一共会出现多少枚正面朝上的硬币呢?当然是 $0.3 \times N$。

这样初始化就完成了,进入"界面",单击"setup"按钮,就能够产生白色 patch 了。但是这里有一个问题,再次单击"setup"按钮,好像会不停地产生白色 patch,这是因为我们少写了一行代码:

```
clear-all
```

此句表示把上一次模拟的状态清空。

加上此句后效果就达到了,每一次单击"setup"按钮都会以 0.3 的概率产生白色 patch。

3.3.3 用 patches-own 自定义添加 patch 属性

接下来考虑如何实现生命游戏的两条规则。

这两条关键的规则有一个共同点:都要计算每一个 patch 周围 8 个邻居中的黑色 patch 数。因为白色 patch 是随机产生的,所以每个 patch 的 8 个邻居中,黑色 patch 的数量是不一定的。

这里可以给每一个 patch 定义一个属性——living,用于记录它周围黑色邻居的数量,而且在初始情况下,要将所有 patch 的 living 属性设置为 0。

使用到的函数如下:

```
patches-own[...]
```

这定义每一个 patch 所拥有的属性，被定义的属性名称要用方括号括起来。如果想给每个 patch 定义多个变量，可以用逗号隔开，比如：

```
patches-own [living,a,b]
```

此句表示给每一个 patch 定义了 3 个变量——living,a,b,这些属性并不是全局变量,每一个 patch 的这些变量值都不一样,但是它们的变量名一样。

我们可以在代码开头添加如下语句：

```
patches-own [living]
```

这样就为每一个 patch 定义了 living 属性。

接下来给 living 属性赋初始值，即单击"setup"按钮，每个 patch 的 living 属性设置成 0，只需要在 ask patches 循环中加入如下语句：

```
set living 0
```

这行代码表示对所有 patch 进行循环，把当前 patch 的 living 属性设置成 0。

完整的初始化程序如下：

```
to setup
    clear-all
    ask patches[
        if random-float 1 < 0.3[
            set pcolor white
        ]
        set living 0
    ]
end
```

3.4　让生命游戏运转起来

程序运行过程中，需要在每一个模拟周期动态地统计每一个 patch 周围的黑色邻居数量。因为在每一个模拟周期，所有 patch 的颜色都有可能发生变化，所以 living 的数值也会相应改变，如何实现这一点呢？

首先我们进入"界面"，添加"go"按钮，此处注意要勾选"持续执行"，这样按钮右下角会出现一个循环标志。添加好按钮后，进入"代码"页面，编写 to go 这段程序。

```
to go
    ask patches[
        set living count neighbors with [pcolor = black]
    ]
```

```
        ask patches[
            ifelse (pcolor = black)[
                if living > 3 or living < 2 [
                    set pcolor white
                ]
            ][
                if (living = 3)[
                    set pcolor black
                ]
            ]
        ]
end
```

在这个程序里，要对每一个 patch 的 living 属性重新赋值，所以要 ask patches 对所有 patch 进行循环，在访问到每一个 patch 时，统计它的 8 个邻居中黑色 patch 的数量，赋值给 living。

set living count neighbors with [pcolor = black] 这条命令单看英文就能够明白其含义，就是计算当前 patch 的邻居中黑色 patch 的数量，下面详细分析这条命令。

如果你把所有计算机语法都忘掉，直接看它的英文不难理解，但是如果从计算机的角度来看，怎么理解呢？

其实别扭的地方在于它用空格实现了函数调用以及变量赋值，把它写成我们熟悉的语法，相当于：

```
set living=(count( neighbors with [pcolor = black]))
```

最外层是一个赋值语句，把括号内的数值赋给 living 变量；括号内是一个嵌套语句，count 命令是 NetLogo 自带的一个函数，它的作用是对后面圆括号内的集合进行计数；集合 neighbors with [pcolor = black]是由 neighbors 加上一个限定条件构成的，其中 neighbors 也是一个 NetLogo 保留字，它是每个 patch 所拥有的所有邻居，包括上下左右、左上、左下、右上、右下这 8 个邻居，这些 patch 所构成的集合就叫作 neighbors；with 也是一个保留字，限定条件是 patch 的 pcolor 为黑色。

所以 with 语句相当于一个 if 判断，如果把它翻译成类 C 语言或者 Java 语言的语法就会一目了然了：

```
tt=0;
For each patch in neighbors{
    If patch.pcolor==black{
        tt=tt+1
        }
    }
living=tt
```

整个 set 语句就完成了这样一个循环：对 neighbors 集合的所有 patch 进行循环，判断这个 patch 是不是黑色的，如果是，临时变量 tt 加 1，循环结束时 tt 就记录了所有黑色 patch 的数量，最后把这个数值赋给变量 living，这样就完成了计数过程。

要根据 living 实现出生规则和死亡规则，还需要引入一个新的语法——ifelse。它的作用跟 if 类似，基本形式如下：

```
ifelse condition[
    expression1
][
    expression2
]
```

它有两个方括号，满足 if 条件时，执行 expression1；不满足时，执行 expression2。

最后编写代码实现生命游戏的规则，如下所示：

```
ask patches[
    ifelse (pcolor = black)[
        if living > 3 or living < 2 [
            set pcolor white
        ]
    ][
        if (living = 3)[
            set pcolor black
        ]
    ]
]
```

我们再次对所有 patch 进行循环，大家可以想一下为什么这里面有两次循环，能否把循环放在一起？

对当前 patch 进行 ifelse 判断，它的颜色是否为黑色，如果是，就执行第 1 个方括号里面的内容，否则就执行第 2 个方括号里面的内容。

如果当前 patch 是黑色的，只可能触发死亡规则，当它周围的黑色 patch 数 living > 3 或者 living < 2，它就会由于过分拥挤或过分孤独而死亡，把当前 patch 的 pcolor 设置成 white。

如果当前 patch 是白色的，只可能触发出生规则，出生规则只有一个条件——living = 3，就会把当前 patch 的 pcolor 设置成 black。

这样就实现了整个生命游戏的规则。下面看一看运行结果，单击"setup"按钮进行初始化，再单击"go"按钮执行，模拟好像变得有点儿"疯狂"，patch 一下子就全变成白色了，只有一两个点在闪烁，如图 3-4 所示，这是怎么回事呢？

图 3-4   生命游戏运行情况一

原因在于程序世界太小了，里面一共只有 33×33 个 patch，通常我们看到的生命游戏都是一个很大的模拟世界。所以我们不妨修改模拟世界的属性，如图 3-5 所示，把它改成每一行每一列都有 50 个 patch，并且改变 patch 大小，比如改成 4，这样模拟世界就变大了。

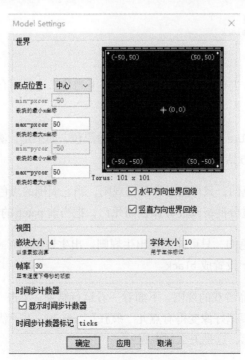

图 3-5   修改模拟世界的大小

这时再次运行生命游戏，patch 会变多，它的运行就非常像我们之前看到的生命游戏了，开始的时候会有一些随机的结构，但是很快就会出现一些有序的结构，如图 3-6 所示。

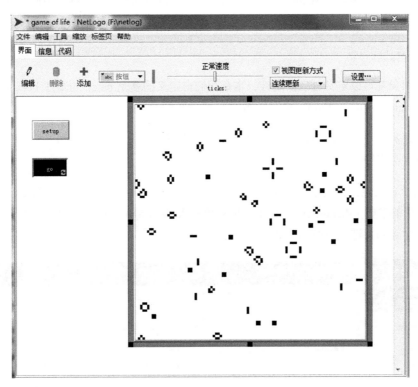

图 3-6 生命游戏运行情况二

3.5 NetLogo 语法的注意事项

好了，我们实现了生命游戏这个例子，下面总结一下 NetLogo 的语法。

NetLogo 语法跟 Python、C 语言等相比有很多不同之处。

第一，set 变量名 值

它的赋值语句不是用"="赋值，而是用 set 语句实现的。

第二，Func var1 var2

NetLogo 中的函数调用不用括号，而用函数名、空格、变量名、空格、第 2 个变量等方式来完成。

第三，ask patches，ask turtles

本章介绍的一类集合是 patches，是由所有嵌块构成的集合。第 2 章中我们接触了一类集合叫作 turtles。集合就是一大类对象构成的一个整体，我们可以很方便地用 ask 命令进行访问。

第四，patches-own

每一个对象都可以定义自己的属性，本章我们自定义的就是 patch 的属性 living。同样，我们也可以用 turtles-own 为 turtle 自定义属性。

最后，还有一个重要的 NetLogo 语法需要提醒大家，所有 ">" "<" "+" "-" 两侧都要加空格，否则程序会报错。

对于初学者来说，如何系统地学习这些命令呢？实际上有一条非常重要的途径，就是使用 NetLogo 自带的**字典**（dictionary）。单击帮助菜单进入 NetLogo 字典，就可以在网页中打开它，这里有所有命令和关键字的说明，如图 3-7 所示。

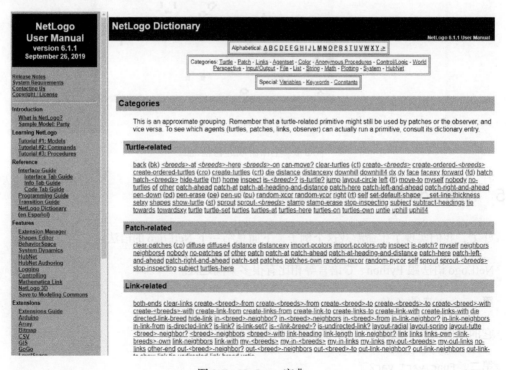

图 3-7　NetLogo 字典

比如你想查看 patch 相关命令，单击它就能看到所有的语法、用例，所以使用字典，你就可以学习如何使用这些命令来实现想要的功能。

3.6　小结

本章我们完成了生命游戏的完整程序，还介绍了非常重要的对象——patch，以及 NetLogo 的一些语法规则。

大家可以自行探索生命游戏的规则，比如更改出生数字试一试，也可以更改生命游戏的初始条件，看效果有何不同。实际上，生命游戏隶属于一个大类的模型，叫作**元胞自动机**。大家不妨自己想一些不同的元胞自动机规则来尝试探索模拟世界。

第 4 章

朗顿的蚂蚁

本章将介绍一个全新的人工生命模型——朗顿的蚂蚁。我们会看到一只小蚂蚁在模拟世界里爬来爬去，神奇之处在于，模型运行时间足够长的话，这只蚂蚁会产生令人惊喜的行为，它会在模拟世界中修建出一条"高速公路"，而且这一现象是不依赖于初始条件的，如图 4-1 所示。通过这个人工生命的简单例子，我们还将介绍如何实现 turtle 与 patch 之间的互动。

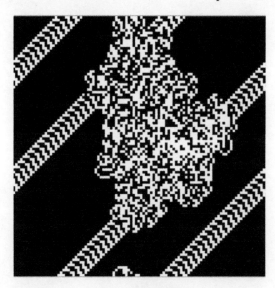

图 4-1　朗顿的蚂蚁

4.1　什么是朗顿的蚂蚁

在正式介绍"朗顿的蚂蚁"模型之前，先了解一位叫作克里斯托弗·朗顿（Christopher Langton）的美国科学家（如图 4-2 所示），他在 20 世纪 80 年代末创造了"人工生命"这个术语，并且创建了这门新兴的学科，因此人们称他为"人工生命之父"。

图 4-2 克里斯托弗·朗顿

早在 1986 年，克里斯托弗·朗顿就提出了一个非常简单的二维图灵机模型。实际上就是一只小小的蚂蚁，这只蚂蚁会在二维网格世界里爬来爬去，在爬行过程中，它还会对二维网格世界进行涂改，把白色方格涂成黑色，把黑色方格涂成白色。早期蚂蚁的行为会比较平庸，但爬行到一万步左右时，它的行为会变得比较怪诞，开始修建"高速公路"。

"朗顿的蚂蚁"模型基于这样一种假设：个体的行为受所在环境的影响，并且能够在一定程度上塑造和改变环境。日常生活中不乏这样的例子：一位劳动者来到 A 市后，根据当地的工资水平，他会有两种选择：一是工资水平符合预期，留在 A 市工作；二是工资水平不符合预期，前往附近的 B 市继续寻找工作。如果该劳动者留在了 A 市，那么他将会对 A 市的劳动力市场产生一点点微小的影响——劳动力供给增多了；如果该劳动者前往 B 市，那么 A 市的劳动力市场将维持原有水平，或者视为流失了一点点劳动力供给。在上述例子中，劳动者可以视为一只"小蚂蚁"，对劳动力市场的影响可以视为嵌块颜色的变化。此时如果有更多劳动者进入模型，就可以研究劳动者的选择行为与整体劳动力市场的交互。在"朗顿的蚂蚁"模型中，我们只探讨单个个体与环境的交互。

这个模型只有两条规则。

规则一：如果当前这只蚂蚁所处的方格是白色的，则蚂蚁向右侧旋转 90 度，将方格涂成黑色，并且往前移动一格，如图 4-3 所示。

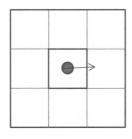
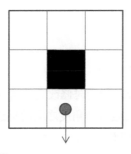

图 4-3 规则一

规则二：如果当前这只蚂蚁所处的方格是黑色的，则蚂蚁向左侧旋转 90 度，将方格涂成白色，并且往前移动一格，如图 4-4 所示。

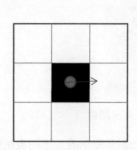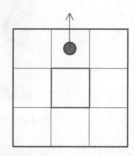

图 4-4   规则二

这样的两条规则就定义了这只朗顿的蚂蚁。不难想象，这只蚂蚁不停地改写环境，改变了的环境又继续影响蚂蚁的行为……总之，蚂蚁与环境的互动将呈现出高度的非线性特征。

4.2   创建蚂蚁

接下来我们就用 NetLogo 写出相应的代码来实现这两条规则。跟前面的程序一样，我们打开 NetLogo "界面"，添加一个 "setup" 按钮，并且在 "代码" 页面写下初始化程序，这已经成了一个标准化的操作流程。

初始化程序如下所示：

```
to setup
    clear-all
    create-turtles 1 [
        set heading random 3 * 90
    ]
end
```

我们用 create-turtles 命令创建这只朗顿的蚂蚁，由于只创建一只，所以 create-turtles 后面的数字是 1。

方括号内写的是：

```
set heading random 3 * 90
```

这样相当于在创建 turtle 的同时修改它的属性。这里修改的是蚂蚁的朝向，这行代码是在 0 度、90 度、180 度和 270 度这 4 个角度之间随机选择一个作为蚂蚁的朝向。也就是在初始化时，蚂蚁可以朝向上、下、左或右。

4.2.1 turtle 的方法与属性

set heading random 3 * 90 这条命令为什么能完成上述功能，我们来详细解读一下。NetLogo 里有一个非常重要的对象——turtle，对于每一个 turtle 来说，NetLogo 已经实现了若干方法。图 4-5 所示为 NetLogo 字典中 turtle 可以调用的方法，图 4-6 所示为 turtle 的属性。

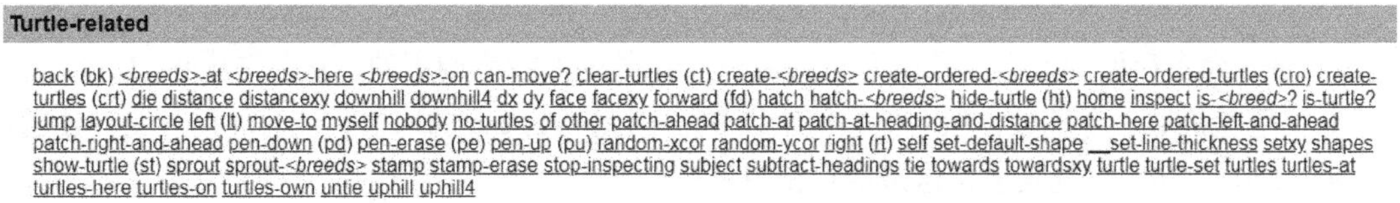

Turtle-related

back (bk) *<breeds>*-at *<breeds>*-here *<breeds>*-on can-move? clear-turtles (ct) create-*<breeds>* create-ordered-*<breeds>* create-ordered-turtles (cro) create-turtles (crt) die distance distancexy downhill downhill4 dx dy face facexy forward (fd) hatch hatch-*<breeds>* hide-turtle (ht) home inspect is-*<breed>*? is-turtle? jump layout-circle left (lt) move-to myself nobody no-turtles of other patch-ahead patch-at patch-at-heading-and-distance patch-here patch-left-and-ahead patch-right-and-ahead pen-down (pd) pen-erase (pe) pen-up (pu) random-xcor random-ycor right (rt) self set-default-shape __set-line-thickness setxy shapes show-turtle (st) sprout sprout-*<breeds>* stamp stamp-erase stop-inspecting subject subtract-headings tie towards towardsxy turtle turtle-set turtles turtles-at turtles-here turtles-on turtles-own untie uphill uphill4

图 4-5 turtle 可以调用的方法

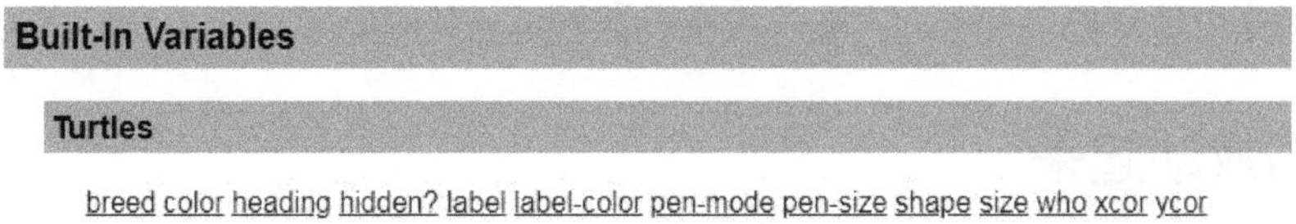

Built-In Variables

Turtles

breed color heading hidden? label label-color pen-mode pen-size shape size who xcor ycor

图 4-6 turtle 的属性

初学者可能比较困惑，什么叫作方法，什么叫作属性？如果没有接触过面向对象编程，可能这的确是问题。

方法，可以理解成 turtle 所具有的功能。就程序来说，一个方法对应一个函数，因此你可以使用 turtle 所具备的这些功能，即调用这些函数。

属性，就是 turtle 所拥有的不同变量。比如这里用到的 heading 变量，它表示 turtle 的朝向。可以理解为 turtle 有一个有朝向的箭头，用 0~360 度的角度值表示，这个角度值可以存储到 heading 中。

所以，通过 set 命令给 heading 属性赋值，就可以改变 turtle 的朝向。

4.2.2 random 命令

这里还用到了一个命令：random x。

x 是一个整数，如果 x>0，random x 产生一个介于 0 和 x 之间的随机数；如果 x<0，random x 产生一个介于 x 和 0 之间的随机数。

第 3 章提到了一个命令 random-float，这里 random x 产生的随机数一定是整数，这是它和

random-float 最大的不同。

接下来具体解读 set heading random 3 * 90 这条语句。

大家可能会把它解读成设置 turtle 的朝向为在 0 度到 270 度之间随机取一个整数，它可以取30 度、60 度，也可以取 90 度。但其实并非如此，之所以大家会理解有误，主要原因在于不熟悉NetLogo 的语法。

random 命令后面的数字 3 是作为 random 这个函数的参数来调用的，它会先从 0、1、2、3 这4 个数字里随机取一个整数，然后把数值乘以 90。因此 heading 的取值只能有 4 种可能，分别是0、90、180、270。也就是说，这条语句相当于：

```
set heading ((random 3) * 90)
```

用圆括号括起来可能更容易理解。大家要慢慢熟悉 NetLogo 的语法。

4.3　让蚂蚁动起来

接下来实现朗顿的蚂蚁模型中的两条规则。

同样创建一个 "go" 按钮，并且勾选 "持续执行"，然后为 "go" 添加相应代码。在每一个模拟周期内，蚂蚁首先要检测当前 patch 是黑色的还是白色的，然后它会根据颜色来决定旋转方向，如果是白色的，就向右旋转 90 度；如果是黑色的，就向左旋转 90 度。同时它会涂改当前 patch 的颜色，并向前移动一步。

接下来我们来完成这段代码：

```
to go
    ask turtles[
        ifelse (pcolor = white)[
            right 90
            set pcolor black
            forward 1
        ][
            left 90
            set pcolor white
            forward 1
        ]
    ]
end
```

首先是 ask turtles，对所有 turtle 进行循环。虽然目前模拟程序中只有一个 turtle，但是这样写在有多只蚂蚁的情况下也是适用的。在循环到每一个 turtle 的时候，要先判断当前 patch 的pcolor 是白色还是黑色。

然后是 turtle 和 patch 之间交互，我们直接用一个 ifelse 语句。第 3 章详细介绍过语法，此处不再赘述。

对于当前 patch 是白色的情况，我们可以直接使用 right 命令：

```
right x
```

这表示向右旋转 x 度，相当于：

```
set heading heading + x
```

right 90 命令的含义就是让这只蚂蚁向右旋转 90 度，它的作用就是设置 turtle 的 heading 属性值为 90。

旋转 90 度以后，将当前 patch 变成黑色。具体怎么做呢？直接改变 pcolor 属性即可，也就是 set pcolor black。

4.3.1 turtle 和 patch 之间的交互

可能大家会有疑问，pcolor 是 patch 所拥有的属性，而 turtle 没有 pcolor 属性，turtle 的颜色属性是 color，那么为什么这里可以直接用 pcolor？因为 turtle 和 patch 之间有如图 4-7 所示的对应关系。

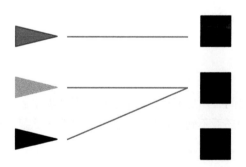

图 4-7　turtle 和 patch 之间的对应关系（另见彩插）

在 NetLogo 中，任意时刻都会自动地让每一个 turtle 对应某一个 patch。因为 turtle 会移动，它可以在整个模拟世界里游走，所以在任意给定时刻，turtle 必然会有一个对应的 patch。这意味着可以直接在 turtle 中访问 patch 的属性，比如每一个 patch 都有 pcolor 属性，当前 turtle 站在 patch 上的时候，就可以直接访问 pcolor。

但是，patch 并不一定会对应一个 turtle，这个道理很简单，因为一般的 NetLogo 模拟程序允许一个 patch 上站多个 turtle，所以 turtle 和 patch 是多对一的关系。也就是一个 patch 可以对应零个、一个或多个 turtle。

那么如果想得到一个 patch 对应的所有 turtle，如图 4-7 所示得到绿色和蓝色的 turtle，要怎么办？只要用 turtles-here 这个命令就可以得到当前 patch 上所有 turtle 的集合。

接下来继续我们的程序，设置当前 patch 为黑色，然后用 forward 1 命令来实现往前走一步。这样就定义完第 1 条规则，当前 patch 是白色的情况。

下面考虑当前 patch 是黑色的情况。

当 patch 是黑色的时，turtle 向左旋转 90 度。我们同样可以用 right 命令后面加 "-90"。保险起见，这里加上小括号——right (-90)。也可以用 left 90 命令，效果一样，也表示向左旋转 90 度。

然后把当前 patch 由黑色变成白色，set pcolor white，最后往前走一步，forward 1。

代码完成后，运行模拟程序，发现仍然运行得过快。第 3 章我们做生命游戏的时候也遇到过类似的问题，这个世界太小，程序又运行得太快，对此我们可以稍作更改。我们把世界改成 50×50 大小，把 patch 的大小改成两个像素，这样的话看起来会比较方便。

现在程序能正确运行朗顿的蚂蚁了，大家可以看到有一只小蚂蚁开始在这个世界里爬来爬去，反复涂改颜色。程序运行时间足够长的话，我们可以看到蚂蚁的爬行轨迹像高速公路一样。如果这个世界特别大的话，它就会一直修建 "高速通路"。

4.3.2　使用 tick 计时

实际上，程序的运行时间必须足够长，基本上到一万多步才会产生修建 "高速公路" 这种现象。但是目前在这个程序中还看不到它运行了多少步，那么怎么显示运行步数？

我们要在初始化过程中加入如下语句：

```
reset-ticks
```

tick 来源于英文单词 tick，这是一个象声词（"嘀嗒"），就像跑步比赛用秒表来计时一样，一开跑就按下秒表开始计时。

在 setup 代码中添加 reset-ticks，也就是在每一次初始化时，重置秒表，然后在 to go 代码块中添加 tick，表示每一个模拟周期计数一次。

修改后的全部代码如下：

```
to setup
    clear-all
    reset-ticks
    create-turtles 1 [
        set heading random 3 * 90
    ]
end

to go
    ask turtles[
        ifelse (pcolor = white)[
            right 90
            set pcolor black
            forward 1
        ][
            left 90
            set pcolor white
            forward 1
        ]
    ]
    tick
end
```

重新运行程序，会发现"ticks"旁边多出一个数字，显示当前模拟步数。如图 4-8 所示，运行时会实时显示当前模拟周期。

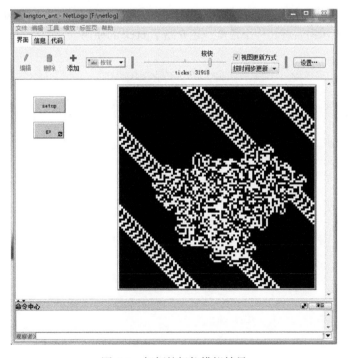

图 4-8 朗顿的蚂蚁模拟结果

现在这个程序还有一点儿小缺陷，就是按下"go"按钮，它并不是一步一步运行的，原因是"视图更新方式"设置了"连续更新"，这里换成"按时间步更新"。现在运行就是一步一步显示了。

模拟速度调快一些，到一万多步的时候，蚂蚁开始修建"高速公路"。假如模拟世界更大一点儿的话，这条"高速公路"就会更加明显。

那为什么这只蚂蚁要在走一万多步以后才开始修建"高速公路"呢？

谁也不知道答案，包括朗顿自己。后来很多科学家想通过数学分析的方式给出答案。在不同的条件下是否会产生不同的轨道？我们反复不停地随机初始化它的条件，发现它在一万多步的时候总是会修建出这样的"高速公路"，尽管每次"高速公路"的朝向以及它起始的时间可能会不太一样，但是修建"高速公路"似乎是朗顿的蚂蚁模拟程序的一个吸引子一样。为什么朗顿的蚂蚁会修建这样一条"高速公路"仍然是一个谜，这就是复杂系统的涌现行为。

4.4   小结

本章介绍了如何用 NetLogo 实现朗顿的蚂蚁模拟实验。其中一个重点是 turtle 和 patch 之间的关系。我们介绍了几个新命令，包括 heading 表示每个 turtle 的朝向，random 表示产生一个随机的整数，right 表示向右旋转一个角度，还介绍了 tick 的使用。

第 5 章

从羊–草生态系统深入 turtle 与 plot 画图

本章将介绍一个全新的 NetLogo 多主体模型，它是由羊和草两个物种构成的简单的生态系统。

羊-草生态系统模拟了自然界和人类社会都存在的最基本的生存逻辑：个体生存依赖一定的资源。这些资源可以是食物，也可以是财富、声望、权力、关系等。资源可以从环境中获得，它可以给个体带来好处（维持生存、达到行动目标），而失去资源将使个体处于不利的境地，不论是因为缺少食物而饿死，还是因为声誉损耗殆尽而无法在某地继续生存。

羊-草生态系统是关于系统内部食物、财富、声望、权力、关系等资源变化的基本模型，它以"羊"代表"个体"，以"草"代表"资源"，通过它我们可以研究资源分布、资源存量与个体生存及繁衍间的动态关系。掌握了羊-草生态系统模型，我们就可以将其扩展到其他资源和个体关系领域。

通过对羊-草生态系统的建模，读者将：

❑ 熟悉 NetLogo 的基本语法；
❑ 熟悉 turtle 与 patch 的互动；
❑ 深入了解 turtle 的各种方法和属性；
❑ 学习如何画图；
❑ 学习如何追踪一个 turtle 或 patch 的动态信息。

5.1 羊-草生态系统的规则

先来看这个生态系统模型的构建规则。

(1) 这是一个由羊（turtle）和草（patch）两个物种构成的小型生态系统。

(2) 羊的内部有一个能量值。

❑ 吃掉草可以增加能量值。

❑ 每一个周期都在消耗能量。

❑ 能量值小于或等于 0，羊就会死掉。

(3) 羊能够繁殖。

❑ 当能量累积到一定水平，就会繁殖。

❑ 繁殖需要消耗能量。

❑ 新出生的羊会天然具备一定的能量。

(4) 草可以自发地从地里长出来。

这些就是本章我们要构建的生态系统模型的基本规则，图 5-1 就是模型世界的运行界面，图 5-2 是这两个种群的数量随时间变化的曲线，我们将会用 plot 画图的方式绘制曲线。

图 5-1 羊–草生态系统

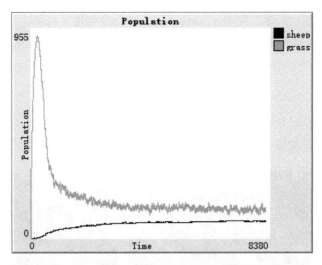

图 5-2   羊–草种群数量随时间变化的曲线（另见彩插）

5.2   初始化羊–草生态系统

下面用 NetLogo 实现这个基本的程序，首先初始化生态系统。

在"界面"添加"setup"按钮。由于羊的内部都有一个能量值，因此我们需要自定义一个 turtle 的属性——energy。跟第 4 章讲的 patches-own 语法类似，使用 turtles-own 命令，方括号内是变量名 energy：

```
turtles-own[energy]
```

接下来，清空之前的所有状态，如下所示：

```
to setup
    clear-all

end
```

然后动态地向生态系统添加草。本次模拟设置 20%的草，80%的空地。首先使用 ask patches 对所有 patch 进行循环，接着调用 random-float 命令产生一个 0~1 之间的随机小数，这个数值如果小于 0.2，就把当前 patch 设置成绿色。因此总体运行效果就是近 20%的 patch 变成绿色，这样草的初始化就完成了。代码如下：

```
ask patches[
    if random-float 1 < 0.2[
        set pcolor green
    ]
```

接下来初始化系统中的羊，使用 **create-turtles** 命令创建一只羊，并且把它的初始能量设置成 100，否则这只羊没有能量用于移动。

```
create-turtles 1[
    set energy 100
]
```

以上这部分就是初始化功能，完成后我们可以运行一下。每次单击"setup"按钮，都会随机产生 20% 的绿草，羊就位于这个世界的中心位置，如图 5-3 所示。

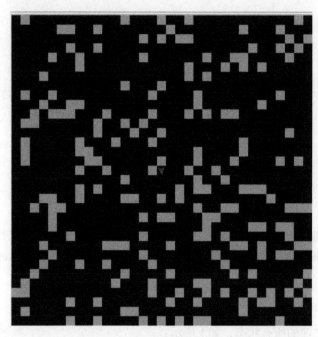

图 5-3　初始化的生态系统

完整的初始化程序如下：

```
turtles-own[energy]
to setup
    clear-all
    reset-ticks
    ask patches[
        if random-float 1 < 0.2[
            set pcolor green
        ]
    ]
    create-turtles 1[
        set energy 100
    ]
end
```

5.3 添加 to go 程序

接下来添加"go"按钮的程序，即每一个模拟周期要完成的功能。

根据前述生态系统的规则，每一个模拟周期都要完成如下功能：

第一，草要自然生长；
第二，每只羊要不断地移动；
第三，羊在能量积累到一定值时繁育后代；
第四，如果羊的能量消耗尽，就会死亡。

我们用子函数（也称子模块）的方式实现这几个功能，在"go"按钮对应的代码中添加如下语句：

```
to go
    add_food              ; ; 添加食物子函数
    ask turtles[
        turtle_move       ; ; turtle 移动子函数
        turtle_breed      ; ; turtle 繁殖子函数
        turtle_die        ; ; turtle 死亡子函数
    ]
    tick
end
```

执行程序时，它就会调用相应子函数，从而实现整体功能。接下来我们看看每一个功能模块如何操作。

5.3.1 add_food

为了实现添加草的功能，我们添加了一个自定义模块，该模块跟 to setup、to go 代码类似，用 to 作为关键词，后面跟要定义的模块名称，最后用 end 结束，这样用户就可以定义自己的函数了。

add_food 函数要实现的功能就是在每个周期都添加一定量的草。

可以添加如下代码：

```
to add_food
    ask n-of 10 patches[
        set pcolor green
    ]
end
```

这里用到了一个具有强大功能的函数——n-of。它的一般格式为：n-of *size agentset*。

n-of 10 patches 的作用就是从 patches 集合中随机挑选 10 个 patch，形成了一个新的 patches 集合。

有了集合以后，再对集合中的每一个元素进行循环，将其颜色设置成绿色，无论这个 patch 当前是绿色的还是黑色的。该函数的作用相当于下了一场"食物雨"，每一个模拟周期都会运行一遍 add_food 函数，都会有 10 个单位的 patch 添加上草。

完成了第一步 add_food 的操作，接下来要做的就是循环访问现在系统中所有的 turtle，并且每一个 turtle 的一生都伴随着 3 件事——移动、繁殖和死亡。

5.3.2   turtle_move

关于第二个功能，首先我们来看羊的移动需要哪些操作，同样用一个子模块的方式定义移动相关代码，如下所示：

```
to turtle_move
    if pcolor = green[
        set energy energy + 10
        set pcolor black
    ]
    if random-float 1 < 0.2[
        set heading random 360
    ]
    set energy energy - 1
    fd 1
end
```

它要实现的功能包括如下几点。

第一，如果当前 patch 是绿色的，即上面有草，那么这只羊会吃掉草，羊的能量也相应增加。这里设置羊的 energy 增加 10，并将当前 patch 的颜色设置为黑色，表示草被吃掉了。这就是第一部分代码所完成的功能。

第二，为了使羊的移动看起来更自然，我们让羊在每个周期以 0.2 的概率随机转换方向，其他时间都匀速直线前进。

第三，羊的移动功能。每个周期都消耗 1 个单位的能量，向前移动一步。

这三部分代码都可以通过前面讲过的知识完成。如何设置变量的值、如何产生随机数、如何设置 turtle 的运动方向、用 fd 1 完成移动（这里 fd 是 forward 的缩写），这些语句组合在一起就实现了 turtle_move 这个函数。

5.3.3　turtle_breed

接下来用 turtle_breed 来完成繁殖这部分功能，代码如下所示：

```
to turtle_breed
    if energy > 500[
        set energy energy - 500
        hatch 1[
            fd 1
            set energy 100
        ]
    ]
end
```

在这部分代码中，首先检测这只羊的能量水平是否足够繁育后代，这里规定当它的能量值大于 500 时才能够繁育后代。

繁育后代涉及两件事情，第一件是自己的能量值减少。这部分代码也体现了为人父母的辛苦，养育后代要消耗自身大量能量。

第二件是新生儿的出生。这里用到一个新命令——hatch。hatch 的英文含义是孵化，非常形象。方括号内的这部分内容就是针对新出生的这只羊的。

这只新出生的羊要完成两个操作，第一是往前走一步——fd 1，新出生的羊的指向 heading 是随机取值的，往前走一步就可以跟它的母体分开。第二个操作是给新出生的羊一个初始能量，否则它一出生就死掉了。此处把它的能量值设置成 100。这样就完成了繁殖功能。

5.3.4　turtle_die

最后一个功能是 turtle_die，判断一只羊的能量值小于或等于 0，它就会死掉。在 NetLogo 中，我们可以用 die 这个单词作为命令来杀死 turtle。

```
to turtle_die
    if energy <= 0 [
        die
    ]
end
```

以上就是羊-草生态系统模型所需要的代码，运行一下看看它的效果。单击"setup"按钮，然后单击"go"按钮，开始可能大家会觉得画面非常乱，稍微把速度调慢一点儿，这时你就会看到有一些用小箭头表示的羊在环境里随机游走，并且可以吃掉草，如图 5-4 所示。

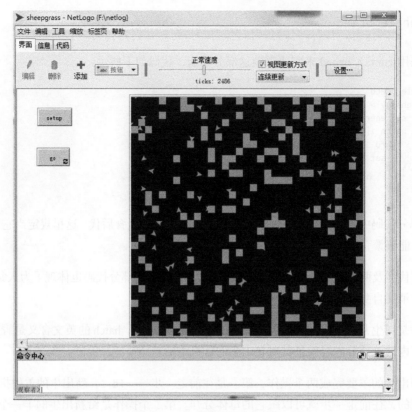

图 5-4　羊-草模型运行情况

我们可以重新运行程序，开始的时候只有一只羊，很快它就会繁殖出更多的羊，大家可以看到它的繁殖过程。只要吃掉的草足够多，它就可以进行繁殖。

5.4　追踪某一个具体的 turtle 或者 patch 的行为

这样去看这些羊和草并不是很方便。接下来介绍 NetLogo 非常方便的一个功能，它可以帮助我们观察模拟过程的细节，可以追踪每一个 turtle 了解它的行为，也可以追踪某一个 patch 的变化。

启动程序，然后暂停，比如想观察图 5-5 所示的这只羊是否按照程序设定的规则运动，我们可以用鼠标右击这个 turtle。右击菜单里最后一个条目 turtle 0，这就表示当前的 turtle 被选中了。我们可以对它做 3 种操作，分别是 inspect、watch 和 follow。

单击"inspect turtle 0"会弹出一个弹窗。如图 5-6 所示，要观察的这只羊在中心位置，下方是 turtle 所具有的一系列属性。

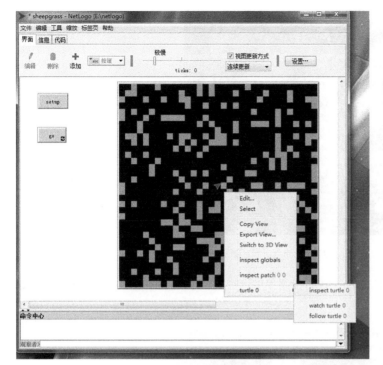

图 5-5　turtle 右击菜单

图 5-6　inspect turtle 图示

　　顺便认识一下 turtle 有哪些属性，第 1 个属性 who 是 turtle 的编号，NetLogo 会给每一个 turtle 指定相应的编号；第 2 个属性 color 是它的颜色；第 3 个属性 heading 是它的朝向，这是一个介于 0~360 度的角度值；xcor、ycor 是它的横坐标和纵坐标；接下来是它的 shape、label 等，这里就不详述了。

　　总之，我们可以通过侦查（inspect）这些属性来看 turtle 是否表现正常。单击"go"按钮，这些数值就会变化，特别是 energy 属性，因为 energy 决定了 turtle 的行为方式，当 energy 变大到 500 时，它就会繁殖新个体而消耗能量，如果下一步移动未获得更多能量，它就会死亡，观察界面就清空了。

　　除了"inspect turtle"，还有"watch turtle"，此时 turtle 周围会出现一个聚焦的圆圈，如图 5-7 所示。当然，还可以选择"follow turtle"，这时 turtle 会在屏幕中心位置，从它的视角去看整个程序的运行。

图 5-7 watch turtle 图示

与此类似，我们还可以选中 patch，在右击菜单中选择"inspect patch"，如图 5-8 所示，底下这些值就是 patch 的属性。

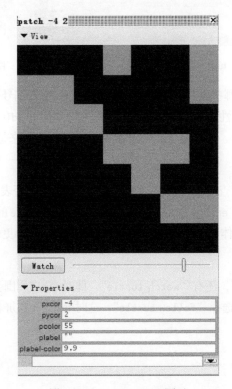

图 5-8 inspect patch 图示

5.5 变量的主体

在前述这些代码里，有一个非常重要的问题可能大家没有意识到，那就是某一个子模块中会有一些属性的调用。比如子程序 turtle_move 中会有 set pcolor，也会有 set energy。这样自然会有一个问题，pcolor 是每一个 patch 所具备的属性，那当前改变的 pcolor 究竟是哪一个 patch 的颜色呢？同理，energy 也是每一个 turtle 的属性，那当前改变的 energy 是哪个 turtle 的呢？如图 5-9 所示。

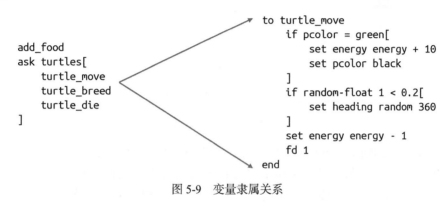

图 5-9　变量隶属关系

NetLogo 中的每一个变量都有隶属关系。比如 pcolor 这个属性，在 to go 程序中，ask turtles 循环访问每个 turtle，例如访问到编号为 0 的这个 turtle 时调用 turtle_move 子程序，此时 turtle_move 的所有变量都属于这个 0 号 turtle。如果循环到 10 号 turtle（即 10 号羊）的时候，这时它的 pcolor 和 energy 就是 10 号 turtle 所对应的属性。第 4 章介绍过 pcolor，每一个 turtle 都有一个对应的 patch，所以 pcolor 就是 10 号 turtle 所对应的 patch 的属性。

如果不是在 ask turtles 这个循环里调用 turtle_move 子函数，它的调用主体就不是 turtle 了，而是一个全局的调用主体 observer，observer 没有 pcolor、energy 属性，程序就会提示错误。

5.6 添加绘图框

为了能够量化显示草和羊的动态变化，我们可以在"界面"添加一个绘图框。

在 NetLogo "界面"加号旁边的下拉框中选中"图"（plot），选中时鼠标指针变成一个十字，然后在空白处单击，就会出现一个弹框，图 5-10 就是 plot 绘图的设置框。

图 5-10　绘图设置框

　　设置"名称"为 Population（种群）；设置它的"X 轴标记"为 Time，显示时间；"Y 轴标记"设置为 Population，显示种群数量；X 和 Y 的最小值和最大值可以设置，也可以不设置；勾选"自动调整尺度"后，如果曲线的最大值超过坐标的最大值，绘图框将自动调节坐标最大值；"显示图例"就是在绘图框右侧位置标出每一个片条对应的曲线；"绘图笔"对应图中曲线。

　　第一条曲线绘制系统中羊群数量随时间变化的趋势。我们可以修改绘图笔的颜色为黑色，名称设为 sheep。这里请尽量用英文来设置，因为有时曲线名称会对应函数来进行调用，写中文的话可能会出错。

　　"绘图笔更新命令"表示实现这条曲线需要的代码，在每一次绘制这条曲线的新点的时候，需要激活这部分代码来实现绘图功能，默认代码 plot count turtles 刚好满足我们的需求。plot 语句的作用就是绘制图形，count turtles 就是统计 turtle 的数量。

　　第二条曲线绘制草总量的变化情况。添加一个绘图笔，把它的颜色改为绿色，名称改成 grass。这时绘图命令就需要我们手动填写了：

```
plot count patches with [pcolor = green]
```

这条命令表示绘制曲线，统计当前 pcolor 属性是绿色的 patch 数量。单击"确定"，绘图框就设定好了。

　　重新运行程序，你会发现运行得很好，但是右侧新加入的绘图框没有任何反应。

　　这是因为在 NetLogo 当前版本中，只有设定了 tick，绘图框才会生效。这点不难理解，不设置 tick 时，模拟世界有一个时钟，绘图本身的更新也有一个时钟，我们用 tick 来做模拟世界和绘图框的时间同步。

跟之前的程序设定一样，在 setup 代码中添加 reset-ticks 进行重置，然后在 to go 代码中添加 tick 进行计时。这时再运行程序，就画出了漂亮的曲线，如图 5-11 所示。

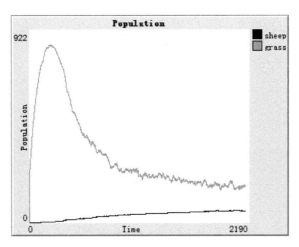

图 5-11　羊–草种群数量随时间变化曲线图（另见彩插）

根据曲线分析，这是一个典型的捕食者与被捕食者模型。被捕食者的数量首先会暴涨，因为开始时没有多少羊。慢慢地，羊通过繁殖数量大增，此时由于草的更新速度跟不上羊的消耗速度，导致资源贫乏；当草的数量降到一定程度时，就会跟羊对草的消耗相平衡，这时将会达到一个长期相对稳定的状态，但是每一个周期都会有一定的小波动。稳定水平所对应的 population 的值，是由 energy 的数值所决定的。

5.7　小结

本章首先介绍了 pcolor、energy 等每一个属性变量都有一个相应的调用主体，在实现子模块时要特别注意。然后介绍了操作 NetLogo 界面追踪某一个具体的 turtle 或者 patch 的方法。这对于模型调试，以及理解 turtle 的行为是否正确，起到了重要作用。最后讲解了如何添加 plot 绘图框。绘图框的使用非常方便，通过简单的设置就可以完成。但是要记得添加 tick 代码，确保模拟世界和绘图框的时间同步。

下　篇

第 6 章

人工经济模型与 turtle 间的互动

本章将介绍一个人工经济模型，通过该模型进一步理解 turtle 之间的互动。

本章内容包括：

☐ 如何使用滑块控件；

☐ let 和 set 两种赋值语句的区别；

☐ 如何用 one-of、n-of 命令从一个集合中随机选择一个或多个元素；

☐ 如何访问一个主体的内部状态；

☐ 如何绘制直方图。

6.1　货币转移模型

社会经济中有一个显著的现象：财富分布的不均衡性。早在 19 世纪，意大利著名经济学家维弗雷多·帕累托（Vilfredo Pareto）就分析了大量实证数据，发现财富分布遵循一条幂律分布曲线。

如图 6-1 所示，横坐标表示社会成员的财富水平，从 1 元到 1000 万元不等，纵坐标则表示落入每一个财富水平区间的人数。大部分人在财富水平非常低的区域内，例如，图 6-1 中"我"所在的位置，即"我"的横坐标假设是 1 万元，而整个社会财富水平在 1 万元的有 1 亿人，则"我"这个点所对应的纵坐标就是 1 亿人。在图 6-1 中，财富水平越高的区域人数越少。把所有纵坐标连成一条曲线，就构成了一条有长尾巴的幂律分布曲线。这条幂律分布曲线满足**帕累托法则**（Pareto principle），也叫二八定律，即 20%的财富被 80%的穷人拥有（图中绿色的区域），而 80%的财富被 20%的富人占有（图中黄色的区域），二八定律充分反映了社会财富分布的不均衡性。

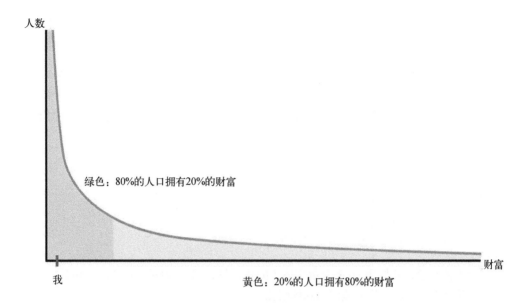

图 6-1 财富分布的二八定律（另见彩插）

概率分布函数是指某一个随机变量 X 的概率 $p(X)$ 随 X 的不同取值而变化的函数。概率分布函数可以利用频数进行统计，即以直方图的方式近似得到：首先将 X 的一组观测数据按照数值大小划分为若干区间，然后统计这组数值在每个区间内出现的频率。如果我们希望绘制财富分布的概率分布函数图，那么可以将全社会的财富值划分为若干个财富区间，例如 [0, 100], [100, 200], [200, 300], …，然后将社会中每个人的财富值归到某一个财富区间。我们不妨以每个区间的中间值作为横坐标 X，统计每个区间内的人数除以总人口数作为纵坐标 $p(X)$，即可绘制概率分布曲线 $p(X)$。

幂律分布（也叫帕累托分布）是指一个变量的概率分布函数遵循幂律函数的形式，即
$$P(x) = cx^{-a-1}$$
其中，a 为幂律指数，通常 $1<a<2$，它越大表示 x 的分布越不均匀；c 为归一化系数，即保证 $P(x)$ 对所有 x 加起来为 1。

相比一般的概率分布（例如正态分布、指数分布）函数，幂律分布具有长尾特征，即概率 $P(x)$ 的图形会拖着一条长长的尾巴，表示 $P(x)$ 会随 x 的增大而缓慢衰减。就财富分布来说，这意味着拥有大量财富的人其实远比我们想象得多。另外，幂律分布通常具有方差无限大的特征，因此无法简单地用均值来理解随机变量的特征和行为。这意味着，如果一个社会的财富遵循幂律分布，则谈论这个社会的平均财富其实毫无意义，因为它不具代表性，远超这个平均值的超级富翁有很多。

为了解释这种分布不均衡性，2000 年，物理学家 Victor M.Yakovenk 提出了一个非常简单的人工经济模型：**货币转移模型**（money transfer model）。

在这个模型里，他把经济体比喻成分子，把货币量比喻成能量。对于一个气体系统来说，气体分子在碰撞过程中，能量只能从一个分子转移到另一个分子，而总能量保持守恒。经过大量碰撞，最终气体分子会达到一个非常不均等的能量分布状态。货币在该模型中的分布也具有类似的特性。

因此，货币转移模型符合如下基本规则：

❑ 经济系统中人和财富的总量保持不变；
❑ 开始的时候，每个人都有等量的货币；
❑ 每当两个主体相遇，他们就随机分配财富。

当两个主体相遇，我们用 m_1 来表示主体 1 的货币量，用 m_2 表示主体 2 的货币量，则我们按照如图 6-2 所示的方式随机分配他们的总体财富。

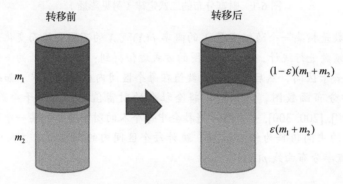

图 6-2　货币转移模型

首先，把 m_1 和 m_2 的货币量相加，得到货币总量为 m_1+m_2，然后，对这个总量即圆柱体随机切一刀，其中一半归主体 1，另一半归主体 2。假定切的随机数 ε 是一个[0, 1]之间的数，那么上面部分的财富给主体 1，下面部分的财富给主体 2。经过简单的计算，就会得出主体 1 向主体 2 转移的货币量为

$$\Delta m = m_1 - (1-\varepsilon)(m_1+m_2) = \varepsilon m_1 + (\varepsilon-1)m_2 \tag{6-1}$$

通过上述规则就可以实现多个 turtle 之间的货币转移。接下来我们用 NetLogo 实现这个简单的人工经济模型。

6.2　NetLogo 添加全局变量

　　首先打开 NetLogo "界面"，添加两个按钮："setup" 和 "go"，添加 "go" 按钮时勾选 "持续执行"。然后添加一个全新的控件——"滑块"，使用滑块控件可以很方便地调整变量的数值。

　　在 "添加" 下拉框中点选 "滑块"，然后在空白处单击添加，这时会出现弹框，如图 6-3 所示。首先输入全局变量名称 num_agents，代表主体个数，即货币转移模型中一共有多少人。"最小值""增量""最大值"用于设定数值变化范围，这里设定数值从 1 开始变到 1000，增量是 1，初始值设置成 100，单击 "确定"，这样全局变量就创建好了。拖动滑块，就可以看到变量的取值发生变化。

图 6-3　添加滑块控件

　　与此类似，我们可以再添加一个滑块来控制系统中的货币总量，变量名为 total_money，取值范围选取 1 到 1 000 000，增量为 1，默认值设为 10 000。这两个滑块所定义的总量值都可以在我们的代码中应用。

6.3　初始化模拟世界

首先，由于每一个 turtle 都有属于自己的 money 数值，因此我们需要定义一个 turtles-own 的变量——money，即每个 turtle 的财富量。

```
turtles-own [money]
```

接下来编写 setup 函数，完成模拟世界的初始化：

```
to setup
    clear-all
    reset-ticks
    create-turtles num_agents [
        set money (total_money / num_agents)
        setxy random-xcor random-ycor
    ]
end
```

第一步 clear_all 清空世界，然后用 create-turtles 命令创建主体。主体的数量由滑块创建的 num_agents 变量所决定，这样滑块的数值就会自动代入程序中。

就每一个 turtle 来说，我们希望它在这个世界里随机分布，所以设置它的横纵坐标为随机取值——setxy random-xcor random-ycor。

根据前述规则，初始情况下每个 turtle 都拥有相同的货币量，因此我们设定当前主体的 money 的数值为货币总量（total_money）除以人数（num_agents），用 set 语句赋值——set money (total_money / num_agents)。

需要注意，除号两边都要用空格隔开，这个语句是把括号内的计算结果赋予 money。这样就完成了初始化过程。

6.4　主体之间如何交互

接下来看看如何编写主体之间相互交互的代码：

```
to go
    ask turtles[
        let agsets other turtles-here
        if count agsets >= 1
        [
            transaction (one-of agsets)
        ]
        forward 1
    ]
```

```
    tick
end
```

首先，访问所有 turtle，即所有交易者，让每一个交易者完成一次关于交易的决策。对于当前 turtle 来说，用 let 命令引入一个新变量 agsets。

在 NetLogo 里，let 和 set 都是赋值语句，它们的用法一样，但二者有一个非常重要的区别：set 只能应用于已经定义好的变量，而 let 适用于为第一次使用的变量赋值，它包含定义变量的意思。

比如变量 agsets，前文并未定义，如果用 set 去赋值，系统会提示错误，所以这时必须使用 let 语句给 agsets 赋初始值。

为什么以前没有遇到过 let 呢？比如初始化 money 时就没有定义过，其实 turtles-own 就给每一个 turtle 定义了 money 变量。另外像 pcolor 这样的变量，赋值前也没有先定义，但是 pcolor 是每一个 patch 都有的属性，它是 NetLogo 自带的变量，因此在初始化模拟世界时，patch 的 pcolor 属性已经定义了。

然后看看 let 给 agsets 赋的值是多少：

```
let agsets other turtles-here
```

other turtles-here，顾名思义，就是其他所有 turtles-here。第 4 章讲过，turtle 和 patch 存在多个 turtle 对应一个 patch 的情况，比如当前 turtle 是我，我站在一个 patch 上，这个 patch 上也可能有其他 turtle。turtles-here 返回值就是当前 patch 上除我以外其他 turtle 的集合，即我的潜在交易对象。

接着完成交易，显然当前循环到的 turtle 并不是跟所有潜在交易对象都发生交易，而是跟其中某一个。首先统计 agsets 中的元素个数，并且判断它是否大于或等于 1，若是，调用 transaction (one-of agsets)子函数，发生交易。

这里面又用到了一个非常重要的命令——one-of，第 5 章讲过一个跟 one-of 非常相似的命令——n-of。

它们的共同点：都是在一个集合中随机选择元素。

它们的区别在于：

❏ one-of agentset，从集合 agentset 中随机选择一个元素；
❏ n-of n agentset，从集合 agentset 中随机选择 *n* 个元素。

它们的结果都是返回集合中的一个或者 n 个元素,当元素个数不满足时,比如集合为空,它返回的也为空;小于 n 时,就返回小于 n 个元素。所以 transaction 的对象就是从 agsets 集合中随机选一个来完成交易。

6.4.1 transaction 子模块

```
to transaction [trader]
    let deltam 0
    let money1 ([money] of trader)
    let epsilon (random-float 1)
    set deltam (epsilon - 1) * money + epsilon * money1

    if money + deltam >= 0 and money1 - deltam >= 0
    [
        set money money + deltam
        ask trader[
            set money money1 - deltam
        ]

    ]
end
```

在这个子模块中,to transaction [trader]方括号内是传入的变量,这里只有一个传入变量 trader,那么它传入的变量是谁呢?

transaction 子模块实现了交易规则,因为它基于随机分配原则,所以有可能 m_1 会转移给 m_2,也有可能 m_2 转移给 m_1,无论 Δm 大于 0 还是小于 0,它的代数表达式都是一样的,因此代码只需要写一遍即可。在这段代码中,假设货币的转移是从 trader 指向当前 turtle 的。

```
let deltam 0
```

此句定义一个货币转移量 deltam,设初始值为 0。

```
let money1 ([money] of trader)
```

此句获得 trader 的 money 数值赋给 money1 变量。此处[money] of trader 相当于我们在写 Java 或者 Python 这种面向对象语言时用到的 trader.money,在 NetLogo 中是用 of 来表示的,并且变量要用方括号括起来,如果要访问多个变量,可以用逗号隔开。

```
let epsilon (random-float 1)
```

此句定义 epsilon 为一个 0~1 的随机数。前面用过 random-float,它会产生一个 0~1 的随机小数。

```
set deltam (epsilon - 1) * money + epsilon * money1
```

此句根据公式(6-1)来设定 turtle 之间的货币转移量,其中 epsilon 为[0, 1]区间的一个随机数。

我们假设从 trader 指向当前 turtle。此处注意，每一个 turtle 都有一个 money 属性，如果不加任何限定，money 通常就是当前 turtle 的 money 属性。

最后进行交易，因为这个系统不允许借贷，所以交易对象的货币总量不能小于 0，我们加一个逻辑判断：

```
if money + deltam >= 0 and money1 - deltam >= 0
```

这表示必须同时满足当前 turtle 的货币量 money + deltam 和 trader 的货币量 money1 - deltam 都不小于 0，交易才会发生。

具体到发生交易的时候，就是修改当前 turtle 的 money 值和 trader 的 money 值，所以这里 ask trader，直接修改交易对象的 money 属性。这样我们就完成了主体之间的交易。

6.4.2 变量作用域

在主体之间相互交互时，有一个关键点：变量的作用域。

首先对所有 turtle 进行循环。因为每个 turtle 会随机选当前 patch 的另一个 turtle 做交易，所以 transaction 模块的所有变量，特别是 money 变量，隶属于当前 turtle。也就是说，turtle 在不停地进行循环。假如循环到的当前 turtle 是 agent1，那么这时 transaction 模块的 money 就是 agent1 相应的属性，如图 6-4 所示。

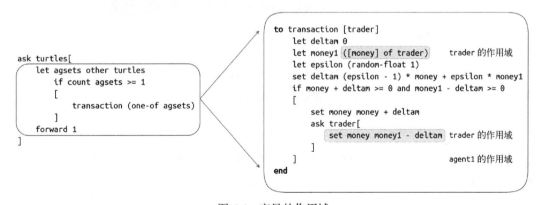

图 6-4　变量的作用域

除去[money] of trader 和 set money money1 - deltam 中的 money 是 trader 的属性，其他 money 都是当前 turtle 也就是 agent1 的属性。

在所有 NetLogo 程序里，一定要捋清楚变量到底隶属于谁，当出现多层嵌套的时候，一定要清楚其中任意一个变量到底是哪个主体的。

6.5　使用命令中心

接下来看一看程序运行的效果。单击 "go" 按钮以后，turtle 就可以随机移动了。当两个 turtle 相遇，就可能发生交易，但我们看不到任何结果，如图 6-5 所示。

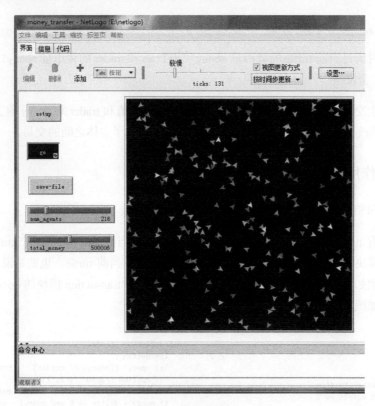

图 6-5　模拟情况一

这是因为 agent 的变化发生在内部。

在编程中，首先要保证语法通顺，但是在代码实现过程中，也可能有一些逻辑错误，这时系统并不会报错。针对这个例子，如何验证程序中的逻辑是否正确呢？

根据货币转移模型规则，系统中的人和货币的总量不变，但是代码中并没有验证这两个量是否守恒，所以需要一个调试手段来验证程序的正确性。

我们可以使用命令中心的功能，通过命令交互的方式来访问整个 NetLogo 的变量。比如对于货币总量，我们可以在 "观察者" 那里输入以下命令：

```
sum [money] of turtles
```

它的作用就是把所有 turtle 的 money 组成一个集合，然后进行累加求和。

按下回车键，命令中心就会出现相应的结果，如图 6-6 所示。

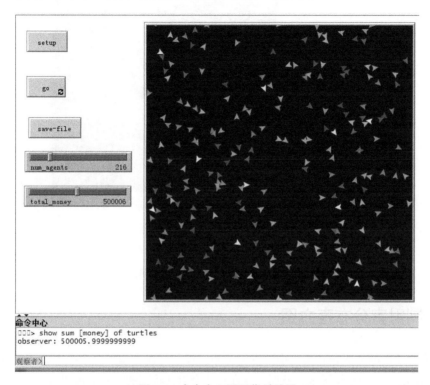

图 6-6 命令中心返回货币总量

命令中心上面一行重复刚才输入的命令，下面一行是返回结果，observer 表示当前操作的主体。NetLogo 是一个面向对象的层次性结构，它的最上层是 observer，是由 observer 直接对整个系统进行操作的。因此我们刚才输入的命令实际是观察者（observer）输入的，它的返回结果也是由 observer 给出的。

从返回值可以看到，它跟系统引入的货币量是一致的，小数是由于计算误差引起的，特别是过程中有随机小数把这些钱不停地进行分割，因此它在允许范围内会有一定误差。

与此类似，在"观察者"那里输入命令：

```
show count turtles
```

我们发现返回值跟引入的 turtle 总量一致，因此人的总量也是守恒的。这样就从最基本的层面保证了程序的正确性，如图 6-7 所示。

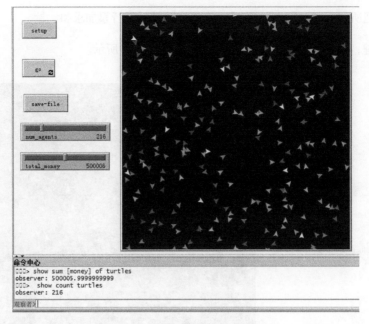

图 6-7　命令中心返回 turtle 总量

6.6　绘制财富分布直方图

接下来用绘图的方式查看系统中财富的分布。如前所述，添加一个绘图，首先将名称设为 Wealth Distribution，调整绘图笔为条形，这样它就会以柱状图的方式显示图形，如图 6-8 所示。

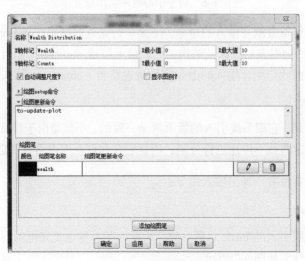

图 6-8　绘图框设置

　　绘图命令也要改，因为默认命令比较适合绘制时间序列曲线，例如横坐标轴是时间、纵坐标轴是种群数量的图形。但是当前需要绘制模型每一时刻的财富分布情况，因此要删掉绘图命令，并且修改 X 轴标记为 Wealth，Y 轴标记为 Counts，在绘图更新命令中添加自定义函数——to-update-plot，这样在绘图时就会动态调用绘图更新命令。

　　接下来编写绘图函数：

```
to to-update-plot
    let lst [money] of turtles
    set-histogram-num-bars 100
    if not empty? lst [
        set-plot-x-range 0 max lst
        histogram lst
    ]

end
```

每次绘图更新时都会调用这个函数。

　　下面解释一下这段代码。

　　首先，定义一个变量 lst，该变量的值是所有 turtle 的 money 属性组成的集合，lst 是一个数值列表，其中每一个数值对应某个 turtle 的财富值。

　　set-histogram-num-bars 100 设定了统计小区间的个数为 100。

　　if not empty? lst 判断 lst 这个列表是否为空。这里 empty? 是 NetLogo 自带的命令，返回布尔型结果（true 或 false）。因此整个判断语句的意思是，如果 lst 不为空，则执行下面两行代码：

```
set-plot-x-range 0 max lst
histogram lst
```

　　第一句设定了 X 轴的取值范围是从 0 到财富值的最大值。在默认情况下，它的取值范围是0~10，但是这并不合理，因为当 turtle 发生交易后，财富值有可能非常大，所以这时我们要动态调整它的最大值。

　　第二句 histogram lst 的作用是把 lst 变量以直方图的方式进行统计，并且把统计结果绘制到绘图界面。histogram 是 NetLogo 自带的命令。这段代码中前文没有提到的命令，可以通过 NetLogo 字典查询，此处不做过多讲解。

　　同时，不要忘记第 5 章讲过的，保持模拟世界和绘图界面同步更新。在初始化代码中加入 reset-ticks，然后在 to go 函数中添加 tick 进行计时，最后记得把"视图更新方式"选项改为

"按时间步更新"。

再次运行模拟程序，结果就都正常显示了。可以看到如图 6-9 所示的直方图清晰地展示了每一个财富区间内对应的主体数量。

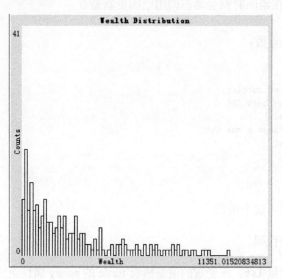

图 6-9　财富分布直方图

大部分主体集中在财富值较低的区间，而最右侧财富值的区间非常大，主体的数量非常少。因此，这个货币转移模型展示了财富分布的不均衡性。那么这个财富分布情况是否满足帕累托提出的二八定律呢？它是否遵循幂律分布呢？第 7 章将继续探讨这些问题。

6.7　小结

首先，我们介绍了一个全新控件——滑块，它的作用是引入全局变量，并且可以非常方便地调整全局变量的值。

其次，我们区分了两种赋值语句——set 和 let。let 最大的一个特征就是可以初始化一个变量，在第一次使用一个变量的时候，必须用 let 来对其赋值。

再次，在多个主体之间进行交互时，一定要弄清楚每一个变量的作用域是什么，即它隶属于哪一个主体。

最后，我们介绍了如何使用命令中心和如何绘制直方图。

第 7 章

文件导出与复杂曲线绘制

第 6 章介绍了一个简单的人工经济模型，利用该模型可以研究人类社会财富分布不均衡的起源。本章将继续探索这个模型。

本章内容如下。

☐ 学习导出数据文件，配合其他软件进行数据分析。NetLogo 擅长仿真和模拟，并不擅长对数据做分析和统计，因此我们需要使用其他工具辅助分析。

☐ 掌握洛伦兹曲线的概念。洛伦兹曲线能够非常方便地反映经济体系的财富分布不均衡现象。通过这样一条曲线，我们将很容易验证二八定律。

☐ 绘制复杂曲线：洛伦兹曲线的若干编程技术。

7.1　人工经济模型回顾及遗留问题

首先回顾第 6 章引入的模型。为了解释人类社会财富分布的不均衡现象，物理学家 Victor M. Yakovenko 提出了一个简单的人工经济模型，该模型符合如下基本规则：

☐ 经济系统中人和财富的总量保持不变；

☐ 开始的时候，每个人都有等量的货币；

☐ 每当两个主体相遇，他们就随机分配财富。

具体的分配规则是，把两个交易者 m_1 和 m_2 的所有财富拿来，然后对总的财富量进行完全随机的分配。这样，从 m_1 到 m_2 的货币转移量就是：

$$\Delta m = m_1 - (1-\varepsilon)(m_1 + m_2) = \varepsilon m_1 + (\varepsilon - 1)m_2$$

其中 ε 是一个位于[0, 1]区间的随机数。

这样两个主体就会各得到一个更新过的财富值，如图 7-1 所示。

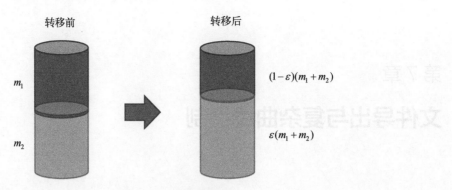

图 7-1　货币转移模型

经过大量模拟绘制出一个财富分布图，如图 7-2 所示。

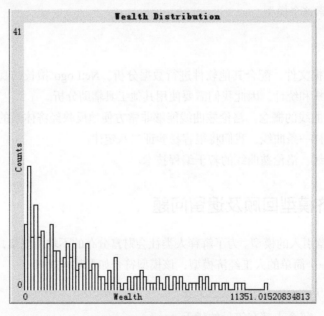

图 7-2　财富分布直方图

第 6 章也遗留了一些问题。首先，模拟得到的财富分布曲线是否满足帕累托分布？即是否遵循幂律分布？其次，这样一条财富分布曲线是否服从二八定律？本章将会回答这两个问题。

7.2　NetLogo 导出文件

首先打开 NetLogo，把财富分布数据导出到磁盘上的一个文件中。因为 NetLogo 分析数据的手段非常有限，所以我们需要借助其他工具来进行相应的统计分析。

为了实现这个功能，需要创建一个新的按钮——save-flie，创建好后，添加如下代码：

```
to save-file
    file-open "agents.txt"
    let wealths ""
    ask turtles[
        set wealths (word wealths money "\r\n")
    ]
    file-print wealths
    file-close
end
```

这段代码主要涉及两套操作，其中一套是对文件进行的操作。NetLogo 已经准备了一系列对文件进行操作的指令，这里列出常用的一些指令：

- file-at-end?
- file-close
- file-close-all
- file-delete
- file-exists?
- file-flush
- file-open
- file-print
- file-read
- file-read-characters
- file-read-line
- file-show
- file-type
- file-write
- user-directory
- user-file
- user-new-file

这些指令包括判断文件是否结束、关闭文件、文件是否存在、打开文件、向文件中打印内容、读取文件等。详细用法参见 NetLogo 字典。

NetLogo 中还有对字符串进行操作的一系列方法：

- Operators（<、>、=、!=、<=、>=）
- but-first
- but-last
- empty?
- first

- ❏ insert-item
- ❏ is-string
- ❏ item
- ❏ last
- ❏ length
- ❏ member?
- ❏ position
- ❏ remove
- ❏ remove-item
- ❏ read-from-string
- ❏ replace-item
- ❏ reverse
- ❏ substring
- ❏ word

这些方法包括用运算符判断两个字符串是否相等，对字符串进行截取，比如 but-first 就是截取除第一个字母外的其他字符，等等。本章我们用到的主要是最后一个命令——word，它的作用是将两个甚至多个字符串拼接在一起。

我们具体来看代码。首先打开一个磁盘文件 agents.txt，在默认情况下，agents.txt 跟程序位于同一文件夹下。当然，你也可以在程序中添加更完整的路径。接下来的代码将生成一个字符串——wealths，该字符串把所有 turtle 的财富值——money，合成一个大的字符串，然后输出。

接着对所有 turtle 进行循环，在每次循环中，用 word 命令做字符串的合成：

```
set wealths (word wealths money "\r\n")
```

上面这行代码用括号内的字符串来对当前的 wealths 赋值。

那么后面这个字符串是什么呢？先来看 word 命令的基本语法：

```
word value1 value2 value3 ...
```

就 word wealths money "\r\n"而言，*value1* 是 wealths 本身，*value2* 是 money 这个数值，*value3* 是换行（回车）符。

在开始的时候，wealths 等于空字符串，money 对应第 1 个 turtle 的财富值，比如 100。于是运行这行代码以后，wealths 的值就变成了一个字符串——100 加回车；紧接着它要对第 2 个 turtle 进行循环，这时 wealths 就是 100 加回车，那么合成第 2 个 turtle 的财富值，比如 200，这时 wealths 就变成了 100 回车 200 回车，如此不停地循环就可以把所有主体的财富值放到 wealths 字符串中。

然后用 `file-print` 命令把这个字符串里的值打印到 agents.txt 文件中。打印完以后，用 `file-close` 把文件关闭，这个文件就导出来了。打开 agents.txt 文件，如图 7-3 所示。

图 7-3　agents.txt 文件

接下来就可以用 MATLAB 或其他你熟悉的工具，根据这些数据绘制简单的直方图了。首先我们可以用 MATLAB 自带的 dfittool 绘制分布直方图，图 7-4 就是得到的财富分布直方图。

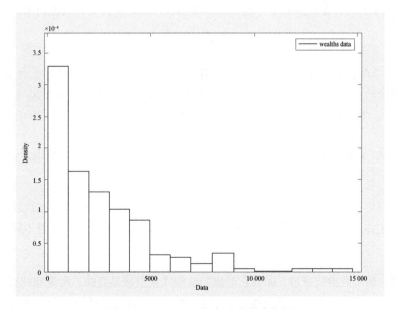

图 7-4　MATLAB 拟合生成的直方图

　　然后可以用 MATLAB 自带的分布拟合工具箱 distributionFitter 来进行拟合，比如选择指数函数来对它进行拟合。我们会发现拟合效果非常好，这就证明了模拟得到的财富分布曲线并非遵循幂律分布，而是遵循指数分布，如图 7-5 所示。

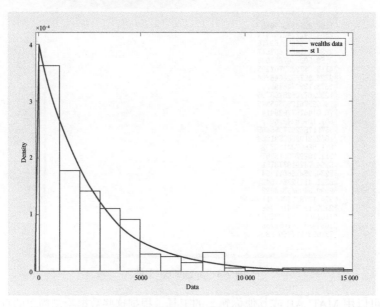

图 7-5   指数分布（另见彩插）

　　指数分布（也称负指数分布）是指概率分布函数可以描述为指数函数的形式，即

$$p(x) = \lambda e^{-\lambda x}$$

其中 λ 为衰减系数，它越大则概率随 x 衰减得越快。相对于幂律分布而言，指数分布的尾部（即 x 大值部分的曲线）更小一些，这也就意味着概率随 x 的增大而衰减得比较慢。另外，与幂律分布不同，指数分布的随机变量具有有限的均值和方差。

　　你可能会说，这样做好像有点儿太直接了，因为我直接选择了指数函数拟合，用其他分布行不行？能否验证它遵循幂律分布呢？

　　其实还可以用另外一种手段来验证它是否遵循幂律分布。我们可以绘制这样一条曲线，横坐标轴仍然是主体的财富水平，纵坐标轴也仍然是对应财富区间的人数，但不同的是纵坐标取对数。

　　我们知道，如果是指数分布，那么它形成的这条线就应该是直线，而现在的模拟实验里，数据所形成的这条线基本上服从一条直线，如图 7-6 所示，因此现在的财富分布曲线是一条指数分布曲线,而非幂律分布曲线。至于如何得到幂律分布,请见下一章。

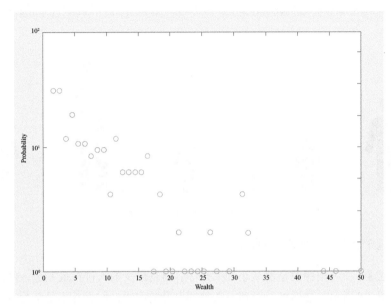

图 7-6　纵坐标取对数结果、数据基本落在一条直线上,说明财富分布是指数型的

7.3 洛伦兹曲线

接下来验证财富分布是否服从二八定律。为了回答这个问题,我们先引入另外一种同样反映财富分布情况的曲线——洛伦兹曲线。

洛伦兹曲线(Lorenz curve)是经济学中一种反映财富分布不均衡现象的曲线,由美国经济学家 M. O. 洛伦兹(Max Otto Lorenz)于 1905 年提出。相较于前面讲到的概率分布函数曲线来说,洛伦兹曲线具有如下优点:

(1) 绘制它并不需要我们对数据进行财富区间分组处理;

(2) 它所反映的财富分布情况比概率分布曲线更客观、更准确;

(3) 基于它,我们更容易计算基尼系数,这是一种可以客观反映财富分布不均衡性的常用指标,第 8 章将介绍。

接下来详细讲解如何绘制洛伦兹曲线。

首先用图形化的方式模拟一个国家的财富分布。假设这个国家一共有 6 个人，这些人的财富多少用身体大小来进行形象化的表示，如图 7-7 所示。在现在这种状态下，他们的财富分布很不均衡。

图 7-7　用身体大小表示财富多少

接下来通过 3 个步骤得到洛伦兹曲线。

第 1 步，把这 6 个人按照财富值从小到大排序，财富最少的人排在最左边，财富最多的人排在最右边，如图 7-8 所示。这样可以得到一条单调上升的曲线，但它并不是洛伦兹曲线。

图 7-8　财富值从小到大排序

第 2 步，对财富值进行累加。比如把前面 3 个人的财富之和跟第 4 个人的财富加在一起，形成一个高度，这个高度就是第 4 个人对应的洛伦兹曲线纵坐标的值。这样的话每个人在洛伦兹曲线上对应的纵坐标如图 7-9 所示，最后一个人即最富有的人，他所对应的纵坐标就是整个社会的财富总和。

第 3 步，将这条曲线的横坐标和纵坐标归一化。在横坐标上除以最大值，由于这个国家一共有 6 个人，因此每个点的横坐标都除以 6，所以第 5 个人的横坐标就是 5/6。同理，纵坐标也要除以社会的总财富。

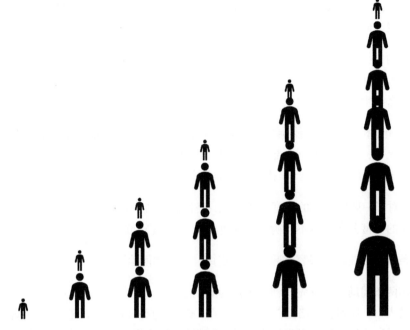

图 7-9 每个人对应的洛伦兹曲线纵坐标

因此对于洛伦兹曲线来说，比如第 i 个点，它的横坐标就是从穷到富的前 i/N 的人数，其中 N 为社会总人数，纵坐标对应的是这前 i/N 的人所占有的财富与社会总财富的比例。图 7-10 所示的是最终的洛伦兹曲线。

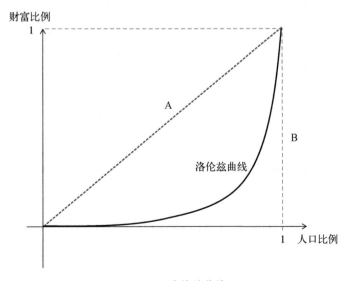

图 7-10 洛伦兹曲线

图 7-10 的横坐标表示人口比例，纵坐标表示这些人所占财富的比例。洛伦兹曲线一定是这样一条弯曲的曲线，而且它一定会介于斜线 A 和竖线 B 与横坐标构成的三角形区域内部。

实际上，这两条特殊的线也有其经济含义，斜线 A 代表社会财富分布绝对均衡情况下的洛伦兹曲线。为什么可以这么说呢？我们可以想象，如果社会的财富分布极其均衡，即所有人的财富水平相等，那么当生成洛伦兹曲线的时候，一定是一条直线。

竖线 B 与横坐标构成的直角形折线，对应的就是社会财富分布极端不均衡的情况下的洛伦兹曲线。在这种情况下，一个人拥有全部社会总财富，而其他人的财富是 0，所以这时只有最后一个人的纵坐标是 1，而其他人都是 0，因此刚好是这条折线。

由此可见，对于一般的随机的财富分布来说，洛伦兹曲线一定会介于这二者之间，而且越靠近折线，所反映的财富分布就越不均衡，越靠近斜线 A 财富分布就越均衡。

在这样一条洛伦兹曲线上很容易验证二八定律。那么如何验证呢？

我们可以作两条辅助线，首先找到横坐标为 0.8 的位置，这表示它对应的是社会按照从穷到富排序前 80% 的人口，找到它与洛伦兹曲线的交点，查看交点的纵坐标，这个纵坐标表示这 80% 的穷人所占据的财富比例。如果纵坐标刚好是 0.2 的话，那么当前的洛伦兹曲线满足二八定律，如图 7-11 所示。

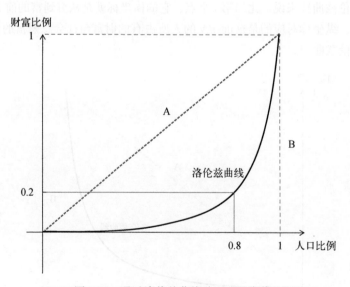

图 7-11　通过洛伦兹曲线验证二八定律

7.4 用 NetLogo 实现洛伦兹曲线

接下来看看如何用 NetLogo 实现洛伦兹曲线。

打开第 6 章我们创建的人工经济模型，添加另外一个绘图窗口，并且进行一定的设置，如图 7-12 所示。

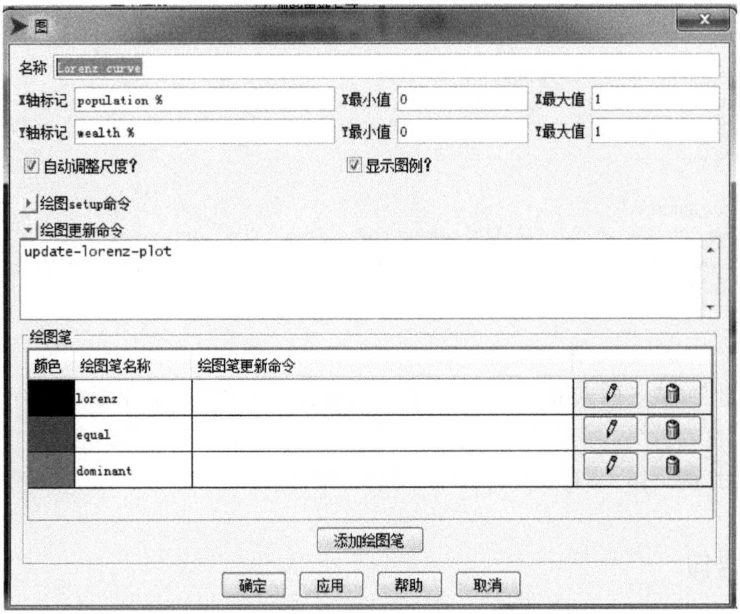

图 7-12 NetLogo 添加洛伦兹曲线设置

首先把名称设置成 Lorenz curve，然后设定它的横纵坐标分别为 population % 和 wealth %，接下来设定 3 个不同颜色的画笔，它们的名称分别设定为 lorenz、equal 和 dominant，3 个画笔分别对应洛伦兹曲线、对角线和表示财富分布极端不均衡的折线。然后把绘图更新命令改成自定义函数 update-lorenz-plot，并把绘图笔更新命令处默认的命令删除。

设定好绘图窗口以后，写下相应代码：

```
to update-lorenz-plot
    ;绘制表示财富分布绝对均衡的斜线
    clear-plot
    set-current-plot-pen "equal"
    plot 0
    plot 1

    ;绘制表示财富分布极端不均衡的折线
    set-current-plot-pen "dominant"
```

```
    plot-pen-down
    plotxy 0 0
    plotxy 1 0
    plotxy 1 1
    plot-pen-up

    ;绘制洛伦兹曲线
    set-current-plot-pen "lorenz"
    set-plot-pen-interval 1 / num_agents
    plot 0

    let sorted-wealths sort [money] of turtles
    let total-wealth sum sorted-wealths
    let wealth-sum-so-far 0
    let index 0

    repeat num_agents [
        set wealth-sum-so-far (wealth-sum-so-far + item index sorted-wealths)
        plot (wealth-sum-so-far / total-wealth)
        set index (index + 1)
    ]
end
```

上面这段代码分成了两大部分,第一部分是绘制表示社会财富分布绝对均衡的斜线和表示财富分布极端不均衡的折线,第二部分是绘制洛伦兹曲线。绘制洛伦兹曲线包括对整体财富值排序以及相应绘图统计的工作,因此它的代码实现会比较复杂。

7.4.1 绘图语句

NetLogo 的图形化元素具有一定的层次结构,我们通常接触的有两个层次。

❏ plot:绘图

set-current-plot "名称":表示把后面的绘图框激活,其中的名称跟设置的标题是一致的。

❏ pen:画笔

set-current-pen "名称":每个图可能有多条曲线,比如目前要画的图有 3 条曲线,对应 3 个画笔。要完成某一条曲线的绘制就要激活相应的画笔。

plot-pen-down:开始绘图。
plot-pen-up:停止绘图。

具体到绘图过程中,我们将会使用两套命令。

(1) plot：这是一个使用频率比较高的指令，它的作用是等水平间隔地绘制点。

比如下面 3 条语句：

```
plot 0
plot 1
plot 3
```

得到的图形如图 7-13 所示，其中的 0、1、3 都是对应的纵坐标，而横坐标是按照等间隔的方式顺序排列的。默认的等间隔是 1，因此每画完一个点就会往后平移一个单位，平移的间隔可以用 set-plot-pen-interval 来变换，这就是 plot 命令的使用方式。

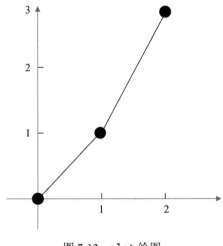

图 7-13　plot 绘图

(2) plotxy：它可以绘制任意点的坐标，如下所示：

```
clear-plot
    set-current-plot-pen "equal"
    plot 0
    plot 1
```

这里使用了 plot 语句来画图，第一步先清空当前绘图 Lorenz curve。在每一个绘图周期都要重新清空，然后用 set-current-plot-pen "equal"语句激活"equal"画笔。我们在图形界面设置的 equal 画笔对应的是红色，因此这时绘制的线就是红色的。接下来的 plot 语句从坐标$(0,0)$到$(1,1)$绘制了一条红色对角线。

7.4.2　表示财富分布极端不均衡的折线的绘制

首先也是激活对应的画笔 dominant，接着用 plotxy 来画图。因为它有两段折线：从$(0, 0)$到

$(1, 0)$，再从$(1, 0)$到$(1, 1)$，所以代码实现如下：

```
set-current-plot-pen "dominant"
    plot-pen-down
    plotxy 0 0
    plotxy 1 0
    plotxy 1 1
    plot-pen-up
```

和介绍 plotxy 的例子相似，这时我们绘制出来的就是一条蓝色折线。

7.4.3　洛伦兹曲线的绘制

跟前面类似，首先激活相应的画笔 lorenz，然后主要用 plot 语句绘制洛伦兹曲线。

```
set-current-plot-pen "lorenz"
    set-plot-pen-interval 1 / num_agents
    plot 0

    let sorted-wealths sort [money] of turtles
    let total-wealth sum sorted-wealths
    let wealth-sum-so-far 0
    let index 0

    repeat num_agents [
        set wealth-sum-so-far (wealth-sum-so-far + item index sorted-wealths)
        plot (wealth-sum-so-far / total-wealth)
        set index (index + 1)
    ]
end
```

要绘制这条曲线，我们要先设定横坐标平移的间隔量。由于这条洛伦兹曲线针对货币转移模型里的所有主体，人数在模型中是变量 num_agents，因此把洛沦兹曲线的横坐标划分成 num_agents 份，那么每一份的宽度就是 1 / num_agents，于是用 set-plot-pen-interval 1 / num_agents 来设置间隔量。

设定以后，先在坐标$(0, 0)$处绘制一个点。接下来我们定义了若干个变量，第 1 个变量是经过排序的财富水平 sorted-wealths，那么它是怎么得到的呢？我们调用了 NetLogo 自带的 sort 命令，该命令的作用是对一个列表中的元素按从小到大进行排序。那么 let sorted-wealths sort [money] of turtles 语句的列表就是[money] of turtles，其作用是把所有主体的财富值构成一个大的数值列表。但是数值排序是乱的，而用 sort 命令就可以对数值列表按从小到大进行排序。因此 sorted-wealths 这个变量就是排序好的财富值列表。

接下来又定义了几个量 total-wealth、wealth-sum-so-far、index，后面将会介绍这几个变量的用法。

紧接着的 repeat num_agents[ ]是一个循环过程，其中 repeat 是一个多次的循环，相当于 Python 语言中的 for 循环，紧随其后的是循环次数 num_agents。

在每一次循环中，首先 set wealth-sum-so-far (wealth-sum-so-far + item index sorted-wealths)语句给 wealth-sum-so-far 赋值，wealth-sum-so-far 的含义相当于循环到第 i 个主体时积累的社会财富总量。这个量实际上是把前一次积累的财富总量加上当前主体所对应的财富量。

这里 item 是 NetLogo 自带的一个命令。

item idx lst 表示从 list 的列表中取出下标编号为 idx 的元素，比如当前列表是[0123]，那么 item 1 lst 得到的数就应该是 1。此处注意，在 NetLogo 语法里，它的列表下标始于 0。

回过头来看看 item index sorted-wealths，就是从排序好的财富列表里取出第 index 这个下标的元素。然后把取出的财富值加到 wealth-sum-so-far 这个变量里，就得到了前 index 个主体的财富总量。

这里面 index 每进行一次循环，它的下标就相应地加 1，这样它就会对所有不同的 num_agents 的小区间进行循环。

得到财富总量的数值以后，直接 plot 到它的纵坐标就可以了。

```
plot (wealth-sum-so-far / total-wealth)
```

前面介绍过，这里的纵坐标是归一化的财富总量。有了当前第 i 个主体的归一化的财富总量，直接用 wealth-sum-so-far / total-wealth 就可以得到相应的纵坐标。

运行模拟程序，绘制出洛伦兹曲线，如图 7-14 所示。

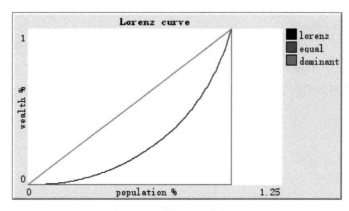

图 7-14　NetLogo 绘制洛伦兹曲线（另见彩插）

可以看到，随着主体间不断发生交易，财富分布在不停地变化，这样会得到一条动态的洛伦兹曲线，但是它大体的形状实际上是不变的。

下面验证这条洛伦兹曲线是否满足二八定律。首先我们通过移动鼠标指针找到横坐标为 0.8 的点，这就是对应前 80% 的穷人的横坐标，然后向上平移到和洛伦兹曲线的交点处。我的鼠标指针所在位置对应的纵坐标是 0.444 左右，如图 7-15 所示。这个数值反映的经济含义就是前 80% 的穷人占据社会财富总量的 44.4%，这表明当前人工经济模型并不满足二八定律。

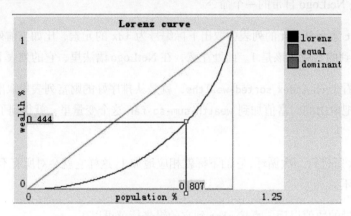

图 7-15   洛伦兹曲线验证二八定律（另见彩插）

因此，我们建模的人工经济系统的财富分布并没有形成帕累托分布（幂律分布）。这样一个简单的人工经济模型并不能够复现帕累托分布以及二八定律。为了进一步探索，下一章将对这个人工经济模型做进一步修改，以期实现帕累托分布曲线以及二八定律。

7.5   小结

本章首先介绍了如何操纵字符串，特别是对字符串进行拼接，以及如何将这些字符串打印到一个磁盘文件，从而用其他软件进行数据分析，然后介绍了洛伦兹曲线及其经济含义，最后介绍了 NetLogo 的一系列画图命令，它可以帮助我们绘制相对复杂一点儿的图形。

第 8 章

使用行为空间做实验

本章我们将继续探索人工经济模型。在之前的模型里，我们引入了随机的货币交换的简单规则，按这些规则搭建的模型，能够产生相应的财富分布，只是这个分布是指数分布，而且不满足二八定律。

本章内容如下。

❑ 首先，更新人工经济模型的基本规则，以使新规则能够产生帕累托分布，也就是幂律分布。

❑ 其次，引入一个全新的指标——基尼系数，这是一个国际通用的、表示一个经济体社会财富分布的常用指标。

❑ 再次，为了计算基尼系数，还将学习如何使用数值积分的方法来计算曲边三角形的面积。

❑ 最后，我们将学习 NetLogo 的一个全新工具——行为空间。行为空间主要解决这样一个问题：当我们需要在模拟程序中观察不同参数如何影响模拟结果时，利用行为空间可以让计算机自动进行大规模的模拟实验。

8.1 更新人工经济模型的基本规则

首先回顾一下人工经济模型的基本交易规则：

❑ 经济系统中人和财富的总量保持不变；

❑ 开始的时候，每个人都有等量的货币；

❑ 每当两个主体相遇，他们就随机分配财富。

这样的经济系统非常野蛮、非常不合理，现实世界中并不是这样做交易的，通常你不会把自己的钱花光，而是会留存一定比例，然后把剩下的钱用于交易，因此我们可以考虑引入一个非常重要的变量——储蓄率，每个主体都有自己的储蓄率，它是一个$(0, 1)$之间的小数。每个人在交易的时候，会保留储蓄率乘以自己财富总量的财富，剩余财富用于交易，并且交易仍然是随机的。

更新后的人工经济模型的交易规则变为：

☐ 经济系统中人和财富的总量保持不变；
☐ 开始的时候，每个人都有等量的货币；
☐ 每个主体有自己的储蓄率；
☐ 每当两个主体相遇，他们会将除储蓄部分外的财富用于随机分配。

比如 m_1 的储蓄率是 s_1，当进行交易的时候，他将保留 s_1*m_1 部分的财富，而把剩下的 $(1-s_1)*m_1$ 部分的财富用于交易，我们把它记为 m_1'；同理，对于 m_2，它的储蓄率为 s_2，他会保留相应的 s_2*m_2 部分的财富，用 m_2' 来做交易，如图 8-1 所示。

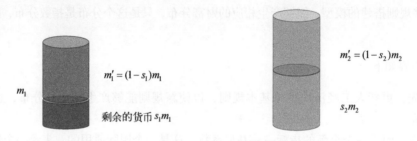

图 8-1   引入储蓄率

确定了 m_1' 和 m_2'，剩下的交易规则就跟之前的完全一样了，即把 m_1' 和 m_2' 这两个货币量组成一个整体，随机切一刀，然后把上面的部分给主体 1，下面的部分给主体 2，如图 8-2 所示。跟之前的交易规则实际上最大的不同，就是引入了每一个主体自己的储蓄率。

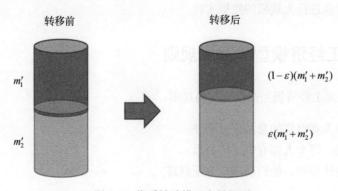

图 8-2   货币转移模型交易规则

8.2 程序修改

接下来看看如何用程序实现新的经济模型规则。

首先引入储蓄率，增加一个 turtles-own 的变量——save_rate，因为每一个主体的储蓄率都不一样，所以要把它放在 turtles-own 的变量中。在有多个变量的情况下，用回车隔开不同变量，并且都放在方括号内。

```
turtles-own [
    money
    save_rate
]
```

接下来初始化的时候，要初始化 save_rate 的具体数值，我们在创建一个主体的时候，用 random-float 设定它的储蓄率是一个 0~1 之间的随机数：

```
to setup
    clear-all
    reset-ticks
    create-turtles num_agents [
        set money (total_money / num_agents)
        setxy random-xcor random-ycor
        set save_rate random-float 1
    ]
end
```

而且这个数值一旦定下来将不再变化，道理很简单，因为每个人的储蓄率基本上是固定的。储蓄率越高，表示这个交易者比较保守，因为他只拿一小部分钱用于交易；反过来，储蓄率越低，表示交易者更偏向于冒险，他会用更多的钱来进行交易。

接下来，添加一个全新的 "new_go" 按钮，方便比较两套交易规则，to go 代码完全保留，而把全新的交易规则放在 to new_go 代码块中，这两个按钮都带持续循环标志，如图 8-3 所示。

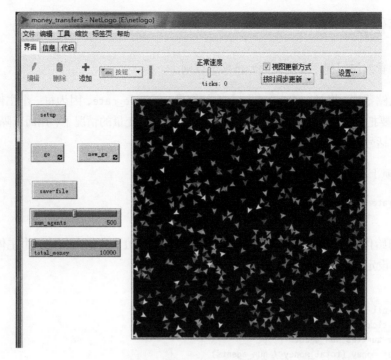

图 8-3 添加 "new_go" 按钮

接下来看看 new_go 代码有什么改变:

```
to new_go
    ask turtles[
        let agsets other turtles
        if count agsets >= 1
        [
            transaction_new (one-of agsets)
        ]
        forward 1
    ]
    tick
end

to transaction_new [trader]
    let deltam 0
    let money0 ((1 - save_rate) * money)
    let money1 ((1 - ([save_rate] of trader)) * ([money] of trader))
    let epsilon (random-float 1)
    set deltam (epsilon - 1) * money0 + epsilon * money1

    if money + deltam >= 0 and ([money] of trader) - deltam >= 0
    [
        set money money + deltam
        ask trader[
```

```
        set money money - deltam
    ]

  ]
end
```

这里 new_go 的代码相较于 go 的代码，最大的不同在于 transaction，new_go 调用了一个全新的函数——transaction_new。

transaction_new 这部分代码其实跟前面讲的 transaction 代码非常相似。不同的是，在计算每一个 turtle 用来交易的货币量时，分别用 money0 和 money1 来进行标识。

货币量都乘了一个系数（1-save_rate），因此 money0 就是主体 1 用来交易的 m_1' 的货币量，而 money1 是 m_2' 的货币量。剩下的规则都跟之前的一样。

8.3 两种规则下的财富分布对比

这样就制定好了这两套交易规则。

首先运行前述完全随机的交易规则。大家应该还记得，它产生的财富分布是一条近似于指数分布的曲线。虽然它也有一个尾巴，但是并不够长。它最大的财富量在 1000 左右。它的洛伦兹曲线会很明显，稍有弯曲，但并不是非常突出，前 80% 的穷人拥有 47.6% 的社会财富，也不满足二八定律，如图 8-4 所示。

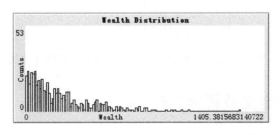

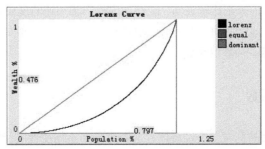

图 8-4 更新规则前的财富分布直方图和洛伦兹曲线（另见彩插）

为了进行对比，我们执行 new_go 代码，这时激活的将是包含储蓄率的那套交易规则。

经过一段时间的运行，你就会看到，全新规则下的财富分布曲线变得非常陡，而对于这个尾巴的长度来说，财富的最大值基本停留在 7000 左右，而之前仅仅是 1000 多。

洛伦兹曲线的弯曲程度也比刚才的情况更加显著，更加靠近蓝色的折线。我们再验证一下它是否满足二八定律。找到 80%的点，它的纵坐标是 21.2%。因此前 80%的穷人仅仅拥有 21.2%的社会财富，基本满足二八定律，如图 8-5 所示。也就是说，引入了随机储蓄率规则以后的人工经济模型能够得到幂律分布曲线，同时财富分布满足二八定律。因此，该模型更贴近实际情况。

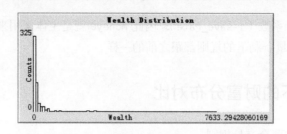

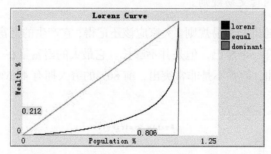

图 8-5   更新规则后的财富分布直方图和洛伦兹曲线（另见彩插）

8.4   基尼系数的定义及程序实现

目前来看，这套全新的规则比较成功，能够复现我们感兴趣的现象。为了更加合理地刻画社会财富分布的不均衡性，也为了进一步比较不同的模型、不同的参数如何影响交易的不均衡性，我们引入一个全新的指标——基尼系数。

8.4.1   什么是基尼系数

基尼系数是国际通用的衡量一个经济体社会财富分布不均衡性的指标。基尼系数不仅能够用于衡量社会财富分布，也可以衡量更多其他量分布的不均衡性，比如衡量社交媒体上不同人粉丝数分布的不均衡性。

8.4.2 基尼系数的计算方法

第7章讲到洛伦兹曲线如果越弯曲越靠近折线，那么社会财富分布就越不均衡，因此我们不妨用洛伦兹曲线和对角线所围成的曲边三角形的面积来衡量社会财富分布的不均衡性，如图 8-6 所示。这个面积如果计算出来是 S 的话，那么最终 Gini=$2S$。

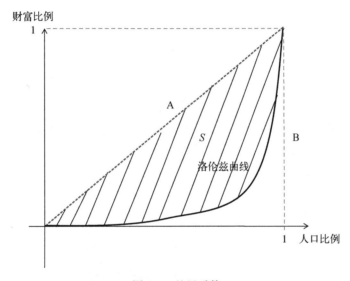

图 8-6 基尼系数

为什么乘以 2 呢？原因就在于基尼系数的定义为：曲边三角形的面积除以直角三角形的面积，这相当于做一个归一化操作。因为三角形的面积是 1/2，所以 Gini=S/0.5=$2S$。

8.4.3 基尼系数的程序实现

引入这个定义以后，再回到模拟程序中，我们可以实时计算人工经济模型的基尼系数。为了展示基尼系数，我们加入一个全新的绘图框，如图 8-7 所示。

设置名称为 gini，横坐标是 time，我们可以看到每一时刻基尼系数的大小，纵坐标就是基尼系数本身。这里面不修改绘图笔指令，具体绘制基尼系数的命令将在代码里完成。

如何在计算机中计算这样一个洛伦兹曲线和对角线所围成的曲边三角形的面积？我们可以用数值积分的方法。

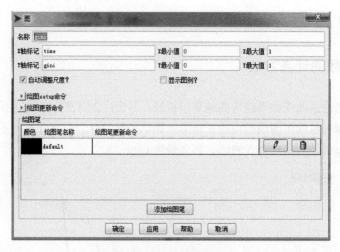

图 8-7   基尼系数设置

具体思想是，对这个曲边三角形进行矩形刨分，把整个[0, 1]区间分成若干份，实际上有多少人口就划分成多少份。然后计算每一个小矩形的面积，再把所有小矩形的面积累加起来，就可以近似得到曲边三角形的面积，如图 8-8 所示。

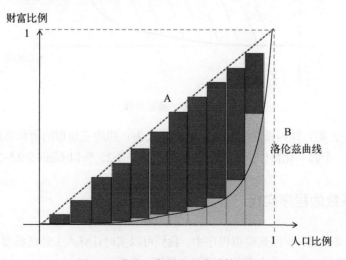

图 8-8   曲边三角形微积分计算图解

具体来讲，比如第 i 个小矩形的面积如何计算呢？

首先可以计算每一个小矩形的宽度，我们把[0, 1]这个区间划分成 num_agents 份，因此每一份的宽度是 1 / num_agents。

小矩形的高度是：

```
i / num_agents - wealth-sum-so-far / total_wealth
```

这里 i / num_agents 是对角线在该点的纵坐标,wealth-sum-so-far / total_wealth 是洛伦兹曲线在该点的纵坐标。

于是可以用"宽×高"计算出这个小矩形的面积。如此计算出所有矩形的面积,再把它们累加起来就得到了曲边三角形的面积。

接下来看看如何编写代码。为了计算基尼系数,我们只要改动绘制洛伦兹曲线的这部分代码即可,前面都一样。

```
to update-lorenz-plot
    ;绘制财富分布绝对均衡的曲线
    clear-plot
    set-current-plot-pen "equal"
    plot 0
    plot 1

    ;绘制财富分布极端不均衡的曲线
    set-current-plot-pen "dominant"

    plot-pen-down
    plotxy 0 0
    plotxy 1 0
    plotxy 1 1
    plot-pen-up

    ;绘制洛伦兹曲线
    set-current-plot-pen "lorenz"
    set-plot-pen-interval 1 / num_agents
    plot 0

    let sorted-wealths sort [money] of turtles
    let total-wealth sum sorted-wealths
    let wealth-sum-so-far 0
    let index 0
    let gini 0

    repeat num_agents [
        set wealth-sum-so-far (wealth-sum-so-far + item index sorted-wealths)
        plot (wealth-sum-so-far / total-wealth)
        set index (index + 1)
        set gini gini + ((index / num_agents) - (wealth-sum-so-far / total-wealth)) / num_agents
    ]

    set-current-plot "gini"
    plot gini * 2
end
```

首先定义了一个变量 gini,然后 repeat num_agents[ ]对所有 turtle 进行循环,这两部分代码第 7 章讲过，都是画洛伦兹曲线。为了得到基尼系数，需要累加每个矩形的面积，而累加的数值就是刚才讲的：

```
((index / num_agents)-(wealth-sum-so-far / total-wealth)) / num_agents
```

得到曲边三角形的面积，还要用这个面积除以直角三角形的面积，最终就是基尼系数了。

最后要把基尼系数画在全新的绘图框中，首先要设置当前的绘图窗体是基尼窗口——set-current-plot 的作用是激活需要的绘图框。在 gini 绘图框中，只需用 plot gini * 2 就可以画出基尼系数随时间变化的曲线。

完成后可以比较一下模拟结果，先运行一下之前的规则，即完全随机交易的规则，可以看到它的基尼系数围绕 0.5 波动，如图 8-9 所示。

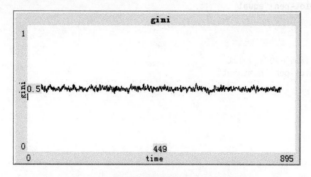

图 8-9   更新规则前模型的基尼系数

改用更新后有储蓄率的交易规则，这时我们会看到它的基尼系数不断上升，但逐渐会趋于稳定，最后停留在 0.677 附近，接近 0.7，如图 8-10 所示。

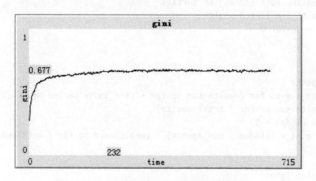

图 8-10   更新规则后模型的基尼系数

基尼系数表明，新规则造成的社会财富分布不均衡要比旧规则更严重。

8.5 参数变化对财富分布不均衡性的影响

接下来还可以观察不同参数对财富分布不均衡性的影响。我们可以直接比较基尼系数。在新规则下，把"num_agents"的数量增加到1000，是刚才的两倍，这时再看它的基尼系数是否有变化。

可以看到，实际上基尼系数会以更快的速度增长到 0.72 左右，而且会继续增长，如图 8-11 所示。

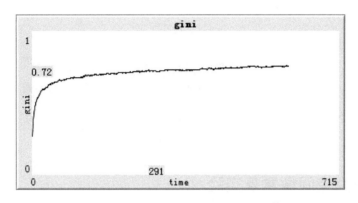

图 8-11　num_agents=1000 时的基尼系数

所以，增加主体的数量，基尼系数会变大，即社会财富分布不均衡性会加重。

为了进一步对比，我们还可以把"num_agents"调小，把主体的数量调成 1 可能不行，因为必须有足够多的主体进行交易，比如调成 100，这时会看到它的基尼系数比刚才稍微小了一点儿，在 0.652 左右，如图 8-12 所示。

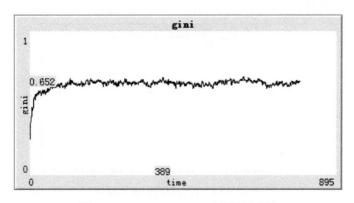

图 8-12　num_agents=100 时的基尼系数

因此，这些参数（包括货币总量）都会影响社会财富分布的不均衡性。如果社会总财富"total_money"变大，那么很显然它的基尼系数要更高，在 0.774 左右，如图 8-13 所示。

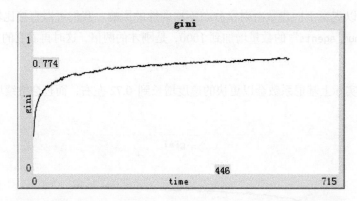

图 8-13　num_agents=500 / total_money 为最大值时的基尼系数

所以，这些参数都会影响社会财富分布的不均衡性。那么，在什么样的参数组合下，基尼系数更高呢？为了回答这问题，有必要引入 NetLogo 自带的一个全新的工具。

8.6　使用行为空间做重复实验

接下来系统地探索参数是如何影响基尼系数的。这里介绍一个全新的工具——**行为空间**（BehaviorSpace），它可以让你通过简单的参数设置，自动实现同时进行大量重复的计算机模拟实验，并将实验结果自动记录到一个数据库文件中，方便我们探索不同的模型参数组合。

在 NetLogo 的菜单栏中找到"工具"菜单，然后选择"行为空间"项。我们将会看到图 8-14 所示的界面，单击"新建"，就可以开始一系列实验。

图 8-14　行为空间创建界面

在行为空间设置界面，首先将这个实验命名为 gini-experiment，如图 8-15 所示。

图 8-15　行为空间设置

　　接下来指定参数变化的范围。我们希望探索的是，当 num_agents 等于 100、200、300、……一直到 1000，total_money 等于 10 000、20 000、30 000、……一直到 100 000，不同参数组合下的基尼系数。

　　在设置框内，比如第一个参数 total_money 的变化范围是从 10 000 开始间隔 10 000 直到 100 000：

["total_money" [10000 10000 100000]]

而 num_agents 的变化范围是从 100 开始间隔 100 直到 1000：

["num_agents" [100 100 1000]]

这样模拟实验就会自动执行，它会考虑任意的两两组合，一共有 100 个组合。

每一个组合下都要进行重复实验。因为实验是随机性的，所以每一次计算出来的基尼系数都会有一定的波动。为了消除这种噪声影响，需要进行重复实验。这里设置每一个参数组合下重复 10 次，因此一共要做 1000 次实验。

接下来我们用这些报告测算运行结果，即每一种参数组合下的实验会有什么样的输出结果，这里不可能用动画或者图形作为输出，通常要计算并输出一些数值，对于本例就是基尼系数。

因此在"用这些报告器测算运行结果："下输入一个自定义的函数——compute-Gini。也就是当有一组参数值设定时，它就动态激活 compute-gini 代码去做模拟实验。

最后需要设定它的终止条件，这里只要设定最大模拟周期为 1000 即可。这样就定义好了一个行为空间，接下来给出 compute-gini 代码的写法：

```
to-report compute-gini
    let sorted-wealths sort [money] of turtles
    let total-wealth sum sorted-wealths
    let wealth-sum-so-far 0
    let index 0
    let gini 0

    repeat num_agents [
        set wealth-sum-so-far (wealth-sum-so-far + item index sorted-wealths)
        plot (wealth-sum-so-far / total-wealth)
        set index (index + 1)
        set gini gini + ((index / num_agents) - (wealth-sum-so-far / total-wealth)) / num_agents
    ]

    set-current-plot "gini"
    report gini * 2
end
```

实际上，它就是把前面计算基尼系数的代码复制过来了，不同之处在于它不是 to 和 end，而是 to-report 和 end，report 的意思是最终要有返回结果，即最终基尼系数要作为这个函数的结果输出。

写完代码以后，这个实验就可以运行了。单击运行，设置一下运行选项，如图 8-16 所示。

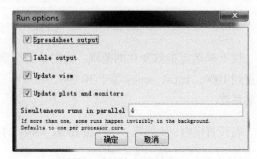

图 8-16 运行选项

设置中可以选择它的输出结果是一个 Excel 表单，还是一个简单的表单。然后可以设置并行运行模拟次数。这里设置 4 次，这个数字越大，运行得越快，CPU 占用也就越多。设定好以后单击"确定"，这时它会弹出一个文件对话框，选择输出文件的存储位置，单击"确定"。

然后我们就可以看到它会产生相应的模拟结果，如图 8-17 所示。

图 8-17 行为空间运行界面

我们也可以把两个 Update 选项取消勾选，这样的话实验还在进行，但是没有图像更新，因此会运行得更快一些。

在这里面它会以 CSV 格式的文件进行输出，如表 8-1 所示。

表 8-1 行为空间重复实验输出结果

BehaviorSpace results (NetLogo 6.1.1)				
money_transfer3.nlogo				
gini-experiment				
01/31/2021 21:20:36:852 +0800				
min-pxcor	max-pxcor	min-pycor	max-pycor	
-16	16	-16	16	
[run number]	1	2	3	4	6
total_money	10000	10000	10000	10000	10000
num_agents	100	100	100	200	200
[reporter]	compute-gini	compute-gini	compute-gini	compute-gini	compute-gini
[final]	0.504475056	0.439535946	0.484664934	0.493145116	0.504235505
[min]	0	0	0	0	0
[max]	0.571942368	0.577796429	0.576292658	0.560064944	0.549788893
[mean]	0.495612384	0.49503268	0.494211458	0.495428114	0.496088
[steps]	1000	1000	1000	1000	1000

这个表单包括实验的名称、时间以及关键参数、多次模拟实验结果，并且记录了每一次模拟实验的参数取值、total_money 取值、num_agents 取值、最后的模拟步数以及基尼系数的运行结果。

[final]这一行就是基尼系数的运行结果，因为这组结果是重复 3 次实验得到的，所以我们只需要把这 3 次的基尼系数求平均就可以得到参数组合下的基尼系数。

最后可以绘制一个曲面，X 坐标和 Y 坐标分别对应 total_money 和 num_agents，而 Z 坐标对应基尼系数。这样我们就对模型的性质有了更深刻的了解。

8.7   小结

本章首先更新了交易规则，然后讲解了如何计算基尼系数，以及如何用 NetLogo 实现简单的数值积分以计算基尼系数，最后介绍了行为空间，以及如何用行为空间做重复性实验。

第 9 章
透过人工鸟群模型 Boids 学习 list 的使用

本章我们将接触一个全新的模型——鸟群模型（Boids）。现实世界中鸟群的飞行非常优美，它们可以组成复杂的队形，还可以聪明地绕开障碍物并再次合成一队。看到这样复杂的行为，我们不禁会问，为什么它们能形成复杂的飞行动态？是因为某只领头鸟在发号施令，还是这些复杂的行为都写到了鸟的基因里面？

对这个问题进行思考的人不止我们。早在 1983 年，计算机图形学家 Craig W. Reynolds 就开始观察鸟群的飞行了，他立志在计算机上实现模拟的鸟群飞行。经过大量实验他发现，通过为每只模拟的人工鸟 Boids 制定 3 条简单的规则，就能够模拟逼真的鸟群行为。图 9-1 展示的就是他早年设计的用于模拟鸟群行为的 3D 模型。

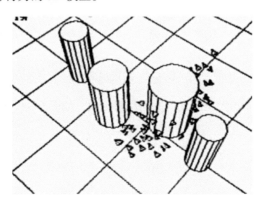

图 9-1　Boids 模型躲避障碍物

人工鸟群模型不仅可用于研究自然界中鸟群的行为，它在人类社会中也有用武之地。比如，人群行动的轨迹就与鸟群有着某些相似之处：人们总是倾向于跟随人群，而不是独自行动，尤其是在目的地相同时，人们的行动轨迹总是会与前面的人保持一致；同时，人们总是会下意识地与他人保持一定的社交距离等。这些现象存在于很多实际应用场景中，如规划城市交通布局、疫情下的社交距离控制，以及室内设施布局等。理解并掌握人工鸟群模型，对于将该模型扩展到其他有关主体行动轨迹的问题很有帮助。

本章将介绍人工鸟群模型，内容如下：

❑ 如何进行矢量运算，并且用矢量的方法来模拟鸟群的飞行；
❑ 如何使用 NetLogo 中的 list 完成矢量运算，list 是 NetLogo 中一个非常关键的数据结构；
❑ 如何运用**欧拉法**（Euler Method）来求解鸟群的飞行轨迹。

9.1   人工鸟群模型 Boids

首先我们看看 Boids 模型。Boids 模型假设每只鸟都有一个视野半径，就是图 9-2 中的灰色区域，只有这些半径范围内的邻居才会对当前这只鸟造成一定的影响。

具体的规则有 3 条。

❑ **靠近规则**：尽可能靠近邻居的中心位置点，如图 9-2 所示。

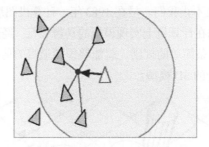

图 9-2   靠近规则

❑ **对齐规则**：飞行方向与大家的飞行方向尽量一致，如图 9-3 所示。

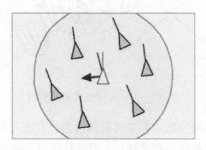

图 9-3   对齐规则

❑ **分离规则**：如果和别的鸟靠得太近，为了避免碰撞，彼此之间会产生斥力从而分离，如图 9-4 所示。

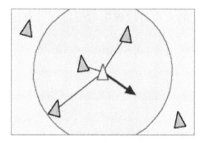

图 9-4　分离规则

　　接下来我们试着在 NetLogo 中实现这 3 条规则。然而要实现它并不简单，我们需要通过受力分析、力的合成以及矢量运算来完成鸟群模型。这里的基本思想是将鸟群飞行的模型转化成一个多质点的相互作用的力学模型，然后通过力的分析和合成来完成鸟群模拟，实现鸟群飞行的 3 条规则，再利用牛顿第二定律，将力学问题转化成运动学问题，最后用欧拉法实现数值积分运算，从而模拟鸟群飞行轨迹。

9.2　矢量以及矢量运算的基本知识

　　在开始正式的建模之前，我们先来复习一下矢量以及矢量运算。

　　矢量就是既有数值大小又有方向的量，而且数值的大小和方向与矢量的起始点无关。

　　通常情况下用二元数组表示一个矢量：$A = (x, y)$。

　　矢量的图形表示如图 9-5 所示，坐标系上的箭头就是一个矢量，箭头指向的点的坐标就是(x, y)。

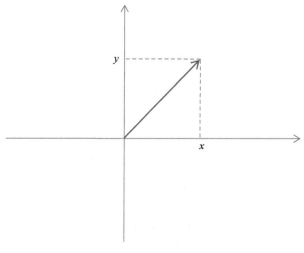

图 9-5　矢量图形表示

矢量是有大小和方向的，它的大小可以根据勾股定理计算出来，也称矢量的模：

$$|A| = \mathrm{sqrt}(x^2 + y^2)$$

9.2.1 矢量的加法

引入矢量的最大好处在于，我们可以非常方便地对矢量进行整体的加减法运算。

假设给定两个矢量：

$$A = (x,\ y)\ ,\quad B = (s,\ t)$$

这两个矢量的加法就是对应坐标相加：

$$A + B = (x + s,\ y + t)$$

从图形的角度来看，就是著名的平行四边形法则，如图 9-6 所示。

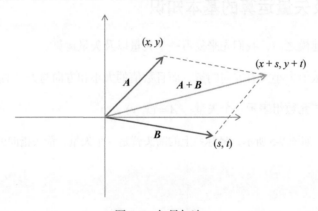

图 9-6 矢量加法

根据平行四边形法则，过(s, t)点作 A 矢量的一条平行线，然后过(x, y)点做 B 矢量的一条平行线，把原点和交点连起来，就是矢量 $A + B$ 。

9.2.2 矢量的减法

接下来看矢量的减法，假设给定两个矢量：

$$A = (x,\ y)\ ,\quad B = (s,\ t)$$

对应坐标相减：

$$A - B = (x - s, \ y - t)$$

从图形角度看，满足三角形法则，如图 9-7 所示。

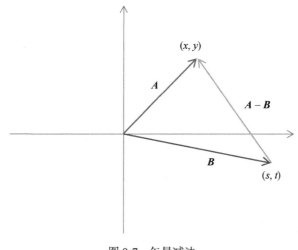

图 9-7 矢量减法

A 矢量减去 *B* 矢量可以表示成，从 *B* 矢量的尾端(s, t)点指向 *A* 矢量的尾端(x, y)这个点的一个箭头。

9.2.3 矢量的数乘

矢量的最后一种运算就是所谓的数乘。

若矢量 $A = (x, y)$，a 是一个实数，则：

$$aA = (ax, \ ay)$$

如果 $a > 1$，则得到的矢量刚好是把原来的矢量扩大了 a 倍，如图 9-8 所示；如果 $0 < a < 1$，得到的是一个缩小的矢量；如果 $-1 < a < 0$，将会反向缩小；如果 $a < -1$，将会反向扩大。

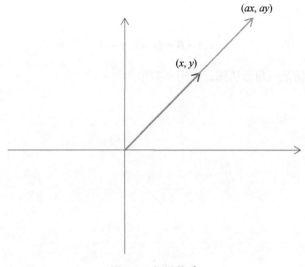

图 9-8　矢量数乘

9.3　Boids 模型需要的矢量运算

矢量运算将帮助我们实现鸟群飞行的 3 条规则。为了实现这 3 条规则，我们还要引入一个概念，就是每只鸟都有两个半径。假设黑色的点是当前要考虑的鸟，这只鸟与邻居发生了相互作用，那么我们就会发现它的所有邻居其实分成了两个圈。一个是外围蓝色的圈，这个圈中其他鸟因为靠近规则和对齐规则而对当前这只黑色的鸟造成影响；红色小圈中的这两只红色的鸟，会因为分离规则而对当前这只黑色的鸟造成影响，如图 9-9 所示。这两个圈是由两个参数设定的，一个是碰撞半径，另一个是对齐半径。

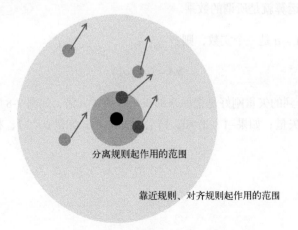

图 9-9　鸟群规则半径（另见彩插）

接下来看看如何通过矢量运算求解出当前这只鸟所受到的靠近力的大小。为此，要先计算蓝圈内邻居的平均位置，也就是灰色的点，如图 9-10 所示。

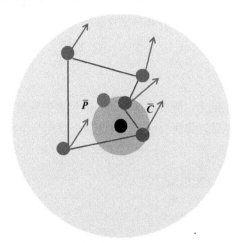

图 9-10 平均位置矢量（另见彩插）

由于所有鸟的位置都可以用坐标表示，因此蓝圈内这 5 个邻居的坐标分别用 P_1, P_2, $\cdots$, P_5 表示，把这 5 个矢量进行累加再除以 5，利用平均位置矢量公式计算可得：

$$\bar{P} = \sum_{i=1}^{n_1} P_i / n_1 \tag{9-1}$$

其中，n_1 是位于蓝圈内其他 Boids 的数量。

在几何上，灰色点刚好是这 5 个邻居的重心位置。有了这样一个点，我们就不难计算由于靠近而产生的力。

但是只有矢量 $\bar{P}$ 还不够，因为有时候还要计算对齐力的大小，所以需要计算平均速度矢量。每只鸟都有速度和方向，可以用速度矢量 V_1, V_2, $\cdots$, V_5 表示，把它们累加起来再除以 5，就会得到一个平均速度矢量：

$$\bar{V} = \sum_{i=1}^{n_1} V_i / n_1 \tag{9-2}$$

除此之外，我们还要计算一个量，把红圈内这两个点累加再除以 2，就是红圈内邻居的平均位置矢量：

$$\bar{C} = \sum_{i=1}^{n_2} P_i / n_2 \tag{9-3}$$

其中 n_2 是红圈内其他 Boids 的数量。

这样我们就计算出了这 3 个非常重要的矢量，其中 $\bar{P}$ 和 $\bar{C}$ 都是位置矢量，$\bar{V}$ 是速度矢量。有了这 3 个矢量，就可以计算靠近、对齐和分离这 3 种力了。

9.3.1　靠近力

首先看看靠近规则所产生的力。假设当前这只鸟的位置矢量是 P，而它的邻居的中心位置在 $\bar{P}$。根据靠近规则，这只鸟要靠近邻居的中心，因此将会受到一个拉力，这个拉力从当前这只鸟指向邻居的平均位置。

我们可以如图 9-11 所示建立坐标系。

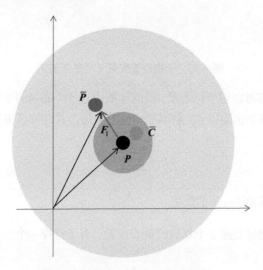

图 9-11　靠近力计算（另见彩插）

根据矢量减法的三角形法则不难得到结论：

$$F_1 = \bar{P} - P \tag{9-4}$$

可能有读者会说，为什么这里拉力刚好等于两个位置的矢量相减？二者的单位都不统一。我们知道力的单位是牛顿，而 P 的单位是米。

这里其实需要乘以一个系数，比如 a：

$$F_1 = a(\bar{P} - P) \tag{9-5}$$

也就是说，力的方向、大小与矢量成正比。但是由于后面计算合力会有相应的系数，因此这里就不定义系数了。

9.3.2　对齐力

再来看由于对齐规则而产生的力。根据对齐规则，如果所有邻居的平均飞行方向是矢量 V 的方向，那当前这只鸟的飞行方向也要调整为该方向，如图 9-12 所示。因此就可以定义一个由对齐规则所产生的力：

$$F_2 = \bar{V} \tag{9-6}$$

实际上应该也是正比关系，此处忽略系数。

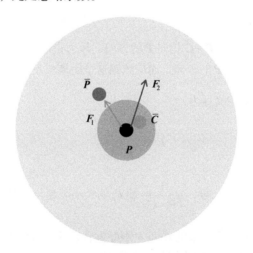

图 9-12　对齐力计算（另见彩插）

9.3.3　斥力

接下来计算由于分离规则而产生的斥力。假设红圈内邻居的平均位置是紫色的位置矢量 $\bar{C}$，显然，越靠近 $\bar{C}$，所产生的斥力就越大。因此斥力会随着 P 到 $\bar{C}$ 之间的距离变短而增大；此外，这个力是远离 $\bar{C}$ 的，如图 9-13 所示。

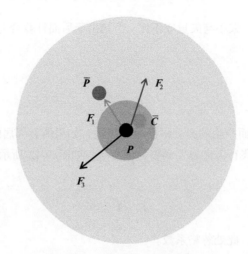

图 9-13　斥力计算（另见彩插）

因此可以计算 $P-\bar{C}$ 矢量。$P-\bar{C}$ 指向 P 的方向，斥力也刚好是由 $\bar{C}$ 指向 P 这个方向，但是斥力的大小其实并不等于 $\bar{C}$ 到 P 的距离，而应该跟这个距离成反比，距离越远力越小。

可以用这样一个公式来定义斥力：

$$F_3 = \frac{P-\bar{C}}{|P-\bar{C}|^2} \tag{9-7}$$

$\dfrac{P-\bar{C}}{|P-\bar{C}|}$ 是 $P-\bar{C}$ 的归一化单位矢量，$\dfrac{1}{|P-\bar{C}|}$ 使 F_3 的大小满足与 P 到 $\bar{C}$ 的距离成反比的要求。

在运动过程中很有可能计算出来的 $\bar{C}$ 和 P 刚好重合，这时 $|P-\bar{C}|$ 显然就等于 0 了，分母为 0，F_3 没有意义，所以在建模过程中我们是这么处理的：

$$F_3 = \frac{P-\bar{C}}{|P-\bar{C}|^2 + \varepsilon} \tag{9-8}$$

其中 $\varepsilon = 0.001$。

9.3.4　合力

接下来我们根据这 3 个力计算鸟下一时刻的飞行方向，把这 3 个力用加权平均的方式做一个合力：

$$F = \omega_1 F_1 + \omega_2 F_2 + \omega_3 F_3 \tag{9-9}$$

其中 ω_1、ω_2 和 ω_3 是 3 个可调参数。

由于在前面的计算中 $\boldsymbol{F}_1$、$\boldsymbol{F}_3$ 是由位置矢量定义的，$\boldsymbol{F}_2$ 是根据速度矢量定义的，因此它们的单位不统一，此处通过调节这 3 个系数进行调和平均。后面会在模拟过程中分析这些参数如何影响鸟群的行为。

9.4　让 Boids 动起来

根据合力，我们将计算鸟的飞行方向以及下一时刻的位置。假设当前这只鸟的位置矢量是 $\boldsymbol{P}$，速度矢量是 $\boldsymbol{V}$，它当前受到的合力矢量是 $\boldsymbol{F}$，如图 9-14 所示。

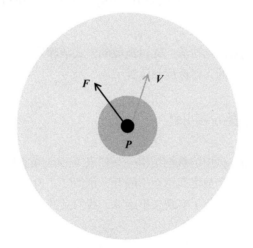

图 9-14　当前鸟的速度、方向和受力情况

如何得到它下一时刻的速度和位置呢？可以根据牛顿第二定律和欧拉法进行计算，根据当前的已知量，得到下一时刻的 $\boldsymbol{V}$ 和 $\boldsymbol{P}$。

首先根据牛顿第二定律，得：

$$\frac{\mathrm{d}\boldsymbol{V}}{\mathrm{d}t} = a = \frac{\boldsymbol{F}}{m} = \boldsymbol{F} \tag{9-10}$$

其中 m 为质量，设为 1，$\dfrac{\mathrm{d}\boldsymbol{V}}{\mathrm{d}t}$ 为加速度，合力为 $\boldsymbol{F}$。另外，由导数的定义近似，使 $\Delta t = 1$，得：

$$\frac{\mathrm{d}\boldsymbol{V}}{\mathrm{d}t} \approx \frac{\boldsymbol{V}(t+\Delta t)-\boldsymbol{V}(t)}{\Delta t} \approx \boldsymbol{V}(t+1)-\boldsymbol{V}(t) \tag{9-11}$$

同样，根据导数的定义近似，使 $\Delta t = 1$，得：

$$V(t) = \frac{\mathrm{d}\boldsymbol{P}}{\mathrm{d}t} \approx \frac{\boldsymbol{P}(t+\Delta t) - \boldsymbol{P}(t)}{\Delta t} \approx \boldsymbol{P}(t+1) - \boldsymbol{P}(t) \qquad (9\text{-}12)$$

这里的 $\boldsymbol{P}(t)$ 为鸟的位置矢量。根据公式(9-10)和公式(9-11)，由当前 $V(t)$ 和合力 $\boldsymbol{F}$ 得到下一时刻的速度 $V(t+1)$：

$$V(t+1) = V(t) + \boldsymbol{F}(t) \qquad (9\text{-}13)$$

由公式(9-12)得：

$$\boldsymbol{P}(t+1) = \boldsymbol{P}(t) + V(t) \qquad (9\text{-}14)$$

因此，当模拟实验中设定初始时刻的[$V(0)$, $\boldsymbol{P}(0)$]，就可以得到[$V(1)$, $\boldsymbol{P}(1)$], [$V(2)$, $\boldsymbol{P}(2)$], …, [$V(n)$, $\boldsymbol{P}(n)$]。

这种计算方法就是简化版的欧拉法。通过离散的方式消除导数，迭代计算。有了这种算法，我们就可以计算出任意时刻鸟的飞行速度和位置了。

9.5　NetLogo 的列表——list

接下来考虑如何用 NetLogo 中的数据结构——列表（list）来实现前面的矢量运算。list 表示为方括号括起来的一组数，每个数之间用空格隔开，例如[1 2 5]、[0.5 7 81 9]，等等。NetLogo 字典有对于列表的一系列函数，为了实现矢量运算，我们挑选了几种运算法则来进行介绍。

一、创建列表

如果列表中的元素都是常数，可以通过简单的赋值语句来创建：

```
set lst [0 0 1]
```

如果列表中有些元素是变量，则：

```
val1=1
val2=3
set lst (list (sqrt 4) val1 val2)
```

这个列表中有 3 个元素，用 list 关键词后面跟 3 个元素表达，这个列表实际上就是[2 1 3]，因为 val1 和 val2 分别是 1 和 3。

二、访问列表

first：取列表中第 1 个元素。

last：取列表中最后 1 个元素。

item index list：因为**下标**（index）是从 0 开始的，所以如 item 3 lst，就是取列表中第 4 个元素。

三、map 的用法

(1) 矢量的数乘运算

map 命令可以将某一个运算应用于列表中的所有元素，如下所示：

```
map [? -> ? * 2] [1 3 4]
```

其中，?相当于一个形式化的参数，->起替代的作用。

这里的?就是列表中的每一个元素，整个命令表示把数组中的每个元素扩大两倍；这样输出的结果就是[2 6 8]。如果把它写成类 Python 的代码，相当于完成了函数运算和循环赋值语句：

```
f(n):=n*2
for n=1,2,3
    f(n)
end for
```

(2) 矢量的减法运算

接下来看看如何用 map 实现两个矢量的减法运算，如下所示：

```
(map - [1 2 3] [0 1 2])
```

map 后面是减号和两个列表，它实现的就是将两个列表的对应元素相减，得到的列表是[1 1 1]。

这相当于：

```
a=[1 2 3]
b=[0 1 2]
for n=0:2
    c(n)=a(n)-b(n)
end for
```

(3) 矢量的加法运算

下面看看如何用 map 实现多个矢量的加法运算，如下所示：

```
(map [[?1 ?2 ?3] -> ?1 + ?2 + ?3] [1 2 3] [2 3 4] [0 1 2])
```

其中，?1 表示第 1 个形式化的输入参数，?2 表示第 2 个形式化的输入参数，?3 表示第 3 个形式化的输入参数。

map 后面第一部分定义它的函数体,把这个函数应用于由空格隔开的多个列表。这种用法可以看成一个三元函数 $f(x, y, z)$ 将[?1 ?2 ?3]->?1+?2+?3]这个函数定义为 $x+y+z$,然后应用于后面 3 个列表。

这相当于:

```
a=[1 2 3]; b=[2 3 4]; c=[0 1 2]
f(x)=x+y=z
for n=0:2
    d(n)=f(a[n],b[n],c[n])
 end for
```

9.6   Boids 模型程序实现

准备就绪后,下面通过 NetLogo 程序来实现 Boids 模型。

先看一下界面控件,如图 9-15 所示。这个界面除了这两个按钮,还定义了一系列滑块控件。这些滑块可以调节参数,比如鸟群数量、视野半径大小、碰撞距离,以及这 3 种作用力的权重大小 ω_1、ω_2 和 ω_3,这些都是可调参数。

图 9-15   添加按钮和滑块

完整代码如下：

```
turtles-own[
    velocity flockingmates collisionmates   ;;速度矢量,靠近范围内的所有邻居,分离范围内的所有邻居
]
to setup
    clear-all
    crt num_boids[
        setxy random-xcor random-ycor ;;随机初始化位置
        set velocity [0 0] ;;初始化速度矢量为0
        set size 10 ;;鸟身体的大小
    ]
end
to go
    ask turtles[
        get-neighbors   ;;获取每只鸟的邻居,包括靠近范围内的邻居和分离范围内的邻居
        flocking   ;; 根据 Boids 的 3 条规则,计算所有的力并更新速度
        facexy xcor + (first velocity) ycor + (last velocity)   ;; 设定鸟的朝向为其速度矢量
        setxy xcor + (first velocity) ycor + (last velocity) ;; 设定下一时刻的位置

    ]
end

to get-neighbors
    set flockingmates (other turtles in-radius viewdistance) ;; 获得 viewdistance 距离内的所有其他鸟
    set collisionmates (other turtles in-radius collisiondistance) ;; 获得 collisiondistance 距离内
的所有其他鸟
end
to flocking
    let corr [0 0] ;; 所有邻居的平均位置
    let v [0 0] ;; 所有邻居的平均速度
    let cn count flockingmates ;; 邻居的数量
    ask flockingmates[
        set corr (map + corr (list xcor ycor)) ;; corr=corr + <xcor, ycor>
        set v (map + v velocity) ;; v= v + velocity
    ]
    if cn > 0[
        set corr (map [ ?1 -> ?1 / cn ] corr) ;; corr 中的每个元素都除以 cn
        set v (map [ ?1 -> ?1 / cn ] v) ;; v 中的每个元素都除以 cn
    ]
    let dis (map - corr (list xcor ycor)) ; dis = corr - <xcor, ycor>,从"我"的位置到邻居平均位置的
矢量

    set cn count collisionmates ;; 和"我"可能碰撞的邻居数量
    let cdis [0 0] ;; 和"我"可能碰撞的邻居的平均位置 (分离范围内邻居的重心位置)
    if cn > 0[
        let ccorr [0 0]
        ask collisionmates[
            set ccorr (map + ccorr (list xcor ycor)) ;; 对<xcor,ycor>求和
        ]

        set ccorr (map [ ?1 -> ?1 / cn ] ccorr) ;; 获得分离范围内邻居的平均位置
        set cdis (map - (list xcor ycor) ccorr) ;; 从"我"的位置指向 ccorr 位置的矢量
```

```
        set cdis (map [ ?1 -> ?1 / ((norm cdis) * (norm cdis) + 0.001) ] cdis) ;; 将矢量归一化，
norm v 是计算 v 的模
        ]

    ;;通过加权平均计算合力
    let w1 weight_cohesion
    let w2 weight_alignment
    let w3 weight_collision
    let f1 (map [ ?1 -> ?1 * w1 ] dis) ; f1 = w1*<dis_x, dis_y>=<w1*dis_x, w2*dis_y>
    let f2 (map [ ?1 -> ?1 * w2 ] v) ; f2 = w2*v=<w2*v_x,w2*v_y>
    let f3 (map [ ?1 -> ?1 * w3 ] cdis) ; f3=w3*cdis=<w3*cdis_x,w3*cdis_y>
    let force (map [ [?1 ?2 ?3] -> ?1 + ?2 + ?3 ] f1 f2 f3) ;force=f1+f2+f3=<f1_x,f1_y>+
<f2_x,f2_y>+<f3_x,f3_y>=<f1_x+f2_x+f3_x,f1_y+f2_y+f3_y>

    ;;根据欧拉法计算新的速度
    set velocity (map + velocity force) ;velocity=velocity+force

    ;;为了避免速度可能变得非常大，限定最大速度为5
    if (norm velocity) > 5 [
        set velocity normalize velocity ;;将速度矢量归一化，以使得|velocity|=1
        set velocity map [ ?1 -> ?1 * 5 ] velocity ;;velocity = velocity * 5
    ]

end
to-report normalize [xy]
    ;;将输入的矢量 xy 归一化，并输出=xy/|xy|
    let realdis norm xy
    let out [0 0]
    if realdis > 0[
        set out (map [ ?1 -> ?1 / realdis ] xy)
    ]
    report out
end
to-report norm [arr]
    ;; 计算输入矢量的模|<x,y>|=sqrt(x^2+y^2)
    let xx first arr
    let yy last arr
    report sqrt (xx * xx + yy * yy)
end
```

下面详细讲解代码。

一、给每一个 turtle 定义 3 个专属变量

❑ velocity：速度大小。

❑ flockingmates：靠近范围内邻居构成的集合。

❑ collisionmates：分离范围内邻居构成的集合。

二、初始化 to setup 代码块

初始化时，创建鸟群，给每一只鸟设定随机位置，并把它们的初速度都设成 0，这里速度矢

量用一个二元列表实现。

三、进入模拟周期 to go 代码块

在每一个模拟周期内，对所有鸟进行循环，首先调用自定义函数 get-neighbors 获取每只鸟的邻居，包括靠近范围内的邻居和分离范围内的邻居。

接下来调用自定义函数 flocking，该函数根据 Boids 的 3 条规则计算所有的力并更新飞行速度。速度更新以后，根据速度矢量，用 facexy 命令更新当前鸟的横纵坐标，实际上就是重新定义这只鸟的 heading 方向，也就是飞行方向。

四、自定义函数 get-neighbors 和 flocking

首先分析 get-neighbors。该函数包含两个 set 语句，分别用于定义 flockingmates 和 collisionmates 这两个集合，也就是根据蓝圈半径（viewdistance）和红圈半径（collisiondistance）获得半径以内的所有其他 turtle。这里 in-radius 命令返回的是视野半径内所有 turtle 的集合，other turtles in-radius 就得到了除自己外其他 turtle 的集合。

接下来分析 flocking 操作，该函数通过一系列矢量运算实现了 Boids 模型的 3 条规则。

首先计算蓝圈内所有邻居的平均位置和平均速度 v，然后得到从"我"的位置到邻居平均位置的矢量——dis。

接着计算红圈内所有邻居的平均位置，以及从"我"的位置到邻居平均位置的矢量——cdis，并利用自定义函数 norm 函数计算矢量的模，即计算分离规则所产生的斥力时需要做归一化运算。

最后，通过 dis、v、cdis 这 3 个力计算加权平均和——force，这里 ω_1、ω_2、ω_3 就是公式(9-9)中的 3 个系数，再根据欧拉法计算出它下一时刻的速度矢量。

在这一步，为了避免因参数设置不当等造成速度过大，我们对速度大小做了人为限定，利用函数 normalize 将速度矢量归一化，限定最大速度为 5。

五、normalize 和 norm 函数

这两个函数分别将矢量归一化和计算矢量的模。这里就不展开讲了，大家可以自行研读代码。

最后我们来看看模拟效果如何。单击"go"按钮，根据模型的 3 个规则，很快它们就聚拢在一起，形成了漂亮的飞行轨迹，如图 9-16 所示。

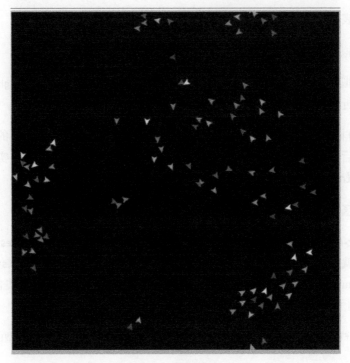

图 9-16   模拟结果

我们也可以通过调节参数来改变它们的飞行姿态。比如把靠近范围的半径变大，这时远程的两只鸟会产生相应的相互影响，会倾向于聚集成一个大团；还可以把分离范围的半径变大，这时它们很容易产生斥力，因此会相互分散。另外，你也可以试试调节 weight_cohersion、weight_alignment 和 weight_collision 的大小，它们分别控制三种力所占的权重，都对鸟群行为有很大影响。

9.7   小结

本章首先介绍了一个模拟鸟群飞行的 Boids 模型，它可以非常逼真地模拟鸟群的飞行姿态。为了实现模型，我们详细介绍了矢量的运算。其次，我们引入了用欧拉法来求解飞行轨迹。为了实现所有这些运算，我们介绍了 NetLogo 中 list 的使用方法，通过 list 可以很方便地实现矢量运算。

第 10 章

用 link 建模网络动力学

生活中的许多现象与传播和扩散有关。森林火灾、空气污染、谣言传播、病毒入侵，这些都是典型的与传播和扩散紧密相关的现象。这类现象的模型一般需要建立传播/扩散者、传播/扩散渠道，以及被传播/扩散者之间的关系。同时，主体的状态在这类模型中不可忽视：处于火灾中的树木存在未燃烧、正在燃烧和已燃烧三种状态；谣言传播过程中的人存在未接受谣言、听信谣言、辟谣后拒绝谣言的状态；病毒传播中同样存在易被感染、已经感染和感染后恢复的状态。本章将以病毒传播 SIR（Susceptible-Infected-Recovered，即易感–感染–恢复）模型为基础，介绍建立此类模型的思路。

2020 年，新冠肺炎疫情暴发。随着人类交通网络的发展，病毒传播已经不再是一个小范围事件，而是成为大规模的全球性事件。尽管病毒传播的具体模式会随病毒、感染者、环境、气候等因素而变，但是从宏观来看，病毒传播仍然有规律可循。

因此，本章将介绍一个网络上的病毒传播 SIR 模型，主要内容如下：

- ❑ 如何用 NetLogo 创建一个网络；
- ❑ 如何使用 link 对象对网络动力学建模；
- ❑ 如何简单便捷地实现偏好依附规则，从而生成一个近似的无标度网络；
- ❑ 学习新的语法，包括获得给定半径内所有 turtle 的命令 in-radius，以及 self 与 myself 的区别。

10.1 病毒传播 SIR 模型

首先我们来看看什么是病毒传播 SIR 模型。实际上，SIR 模型是病毒传播领域一个最简单的模型。它假设所有节点存在 3 种状态，如图 10-1 所示。

- ❑ S：易感态或者疑似态（Susceptibility）

□ I：感染态（Infection）
□ R：恢复态（Recovery）

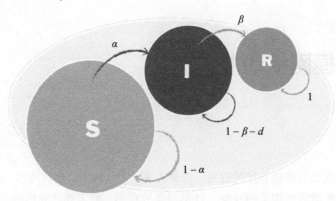

图 10-1　SIR 模型三种状态

　　SIR 模型的名字取自这 3 种状态的英文首字母。这 3 种状态彼此之间可以以一定的概率相互转换。

　　如果一个人当前是 S（易感）状态，那么当他接触到一个感染者时，就有一定概率被感染，即变成 I（感染）状态。如果他处于 I 状态，则他会以一定的概率康复，从而变成 R（恢复）状态。如果他进入 R 状态，就不会再被感染，因此也不可能变成其他两种状态了。在这个模型里，如果个体变成 R 状态，那么他就相当于具备了对这种病毒的免疫抗体，因此他不会再转变成 S 状态或者 I 状态。

　　这是一个单点上的 SIR 模型，接下来我们把 SIR 模型放到一个网络上，如图 10-2 所示[①]。

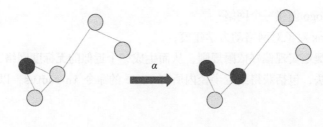

图 10-2　网络上的 SIR 模型（另见彩插）

———————————

① 其中红色代表 I 状态，蓝色代表 S 状态，灰色代表 R 状态。

假设每个节点都是一个人，那么每一条连边都表示一种可能的相互接触的关系。如果某一个节点当前是 S 状态，并且他的邻居中有一个是 I 状态，那么下一时刻他是 I 状态的概率为 α；如果节点当前是 I 状态，他变成 R 状态的概率为 β；一旦变成 R 状态，他就不再会被感染了，也不会感染别的节点。

10.2　构建网络拓扑结构

以上就是网络上的 SIR 模型。该模型假定节点之间的相互作用网络是固定不变的拓扑结构。那么如何构建这种结构呢？

我们首先利用一个非常简单的、被称为"随机几何图"的模型。具体来讲，就是随机地将 N 个点撒在有限的二维平面上，如果两个点之间的距离小于常数 r，就把两个点连接成一条连边。这样构成的网络就是随机几何图网络，如图 10-3 所示。需要注意的是，按照这种规则连接，有可能会出现孤立节点的情况，比如这些节点的 r 半径内没有任何其他节点。

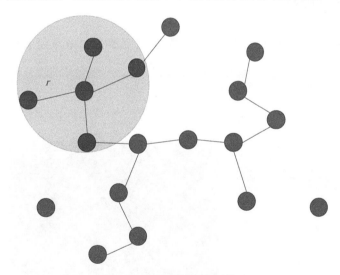

图 10-3　随机几何图网络

接下来我们尝试用 NetLogo 实现这样一个随机几何图网络，并且构建网络上的病毒传播模型。

10.3　NetLogo 中的 link 对象

这里要用到 NetLogo 自带的 link 对象以及 links 集合。

在 NetLogo 里，links 集合是全局变量。links 集合中的每一个对象都是一个 link 对象。这是一种特殊的对象，每一个 link 对象又有很多属性：

❑ end1 和 end2 属性，表示 link 的前后两个节点；
❑ 每个 link 都有一个 link-neighbors，就是节点的集合 turtles。

link 还有一些 NetLogo 自带的函数，举例如下。

❑ 创建 links：create-links-from/create-links-to。
❑ 获得相互连接的网络上的邻居：in-links-neighbors/in-links-from。
❑ 可视化网络：layout-spring。

因此我们可以直接操作 NetLogo 中的 link 对象，从而实现网络的构建以及网络上的系统动力学模拟。

10.4　SIR 模型搭建

接下来用 NetLogo 实现 SIR 模型，先在"界面"上添加如图 10-4 所示的按钮和滑块。

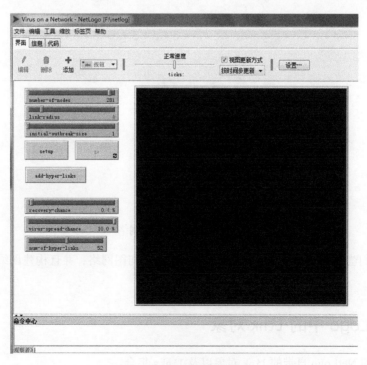

图 10-4　添加按钮和滑块

这些滑块都是可调节的参数，包括节点数量（number-of-nodes）、连边半径大小（link-radius）、初始的被感染节点数量（initial-outbreak-size）、恢复的概率大小（recovery-chance）、病毒传播的概率（virus-spread-chance），还有一些其他设置。这里有两个按钮：“setup”和“go”。

10.5　SIR 模型代码实现

接下来进入源代码部分：

```
turtles-own
[
    state ;0 表示易感，1 表示感染，2 表示康复
]

to setup
    clear-all
    ;初始化节点
    set-default-shape turtles "circle"
    create-turtles number-of-nodes
    [
        setxy (random-xcor * 0.95) (random-ycor * 0.95)
        become-susceptible
    ]

    ;初始化网络
    setup-network
    ask n-of initial-outbreak-size turtles
        [ become-infected ]
    ask links [ set color white ]
    reset-ticks
end


to setup-network
    ;建立网络连接
    ask turtles[
        let potential other turtles in-radius link-radius with [not link-neighbor? myself]
        create-links-with potential
    ]
    ;利用弹簧算法进行可视化
    repeat 10
    [
        layout-spring turtles links 0.3 (world-width / (sqrt number-of-nodes)) 1
    ]
end

to add-hyper-links
    ;增加远程连边，并且按照偏好依附规则
    ask n-of num-of-hyper-links turtles[
        let attached [one-of both-ends] of one-of links
        if not link-neighbor? attached and not (self = attached)[
```

```
            create-link-with attached
        ]
    ]
    repeat 100
    [
        layout-spring turtles links 0.3 (world-width / (sqrt number-of-nodes)) 1
    ]
    ask links [ set color white ]
end

to go
    ;以一定的概率康复
    ask turtles with [state = 1][
        if random-float 100 < recovery-chance[
            become-recovery
        ]
    ]

    ;开始病毒传播
    ask turtles with [state = 1]
        [ ask link-neighbors with [state = 0]
            [ if random-float 100 < virus-spread-chance
                [ become-infected ] ] ]

    tick
end

to become-infected
    set state 1
    set color red
end

to become-susceptible
    set state 0
    set color blue
end

to become-recovery
    set state 2
    set color gray
    ask my-links [ set color gray - 2 ]
end
```

10.5.1 给 turtle 设置 state 属性

state 属性标记了当前节点处于 SIR 的哪一种状态：

❏ 0 表示 S（易感）状态；

❏ 1 表示 I（感染）状态；

❏ 2 表示 R（恢复）状态。

10.5.2　to setup 代码块

首先清空之前模拟实验的设置，把 turtle 的样式设置成"circle"，否则在默认情况下，它是一个小箭头。

接下来创建 turtle，数量为 number of nodes——滑块控制可调的节点数量，并且对每一个节点设置初始坐标：

```
random-xcor * 0.95, random-ycor * 0.95
```

这表示在 0.95 倍的宽度和高度以内的区域放置这些 turtle。

接下来调用自定义函数 become-susceptible，把节点的状态 state 设置为 0，颜色为蓝色。这是因为在初始情况下，绝大部分节点没有被感染。

完成这几步操作以后，开始初始化网络。调用函数 setup-network 建立网络连接，并完成网络的可视化。

10.5.3　setup-network 函数

接下来我们重点看看 setup-network 这个函数。该函数分为两个部分，第一部分是根据随机几何图的规则建立网络；第二部分是为了让网络更好看，调用了弹簧算法来进行可视化。

首先看第一部分，遍历所有 turtle，对当前节点查找应该与它连接的邻居集合，存放在变量 potential 中，用 create-links-with 命令跟集合里所有元素建立连边。

此处重点讲解 potential 集合是怎么得到的：

```
let potential other turtles in-radius link-radius with [not link-neighbor? myself]
```

这里需要同时满足两个条件：

☐ other turtles in-radius link-radius
☐ [not link-neighbor? myself]

首先解读第一个条件，重点理解 in-radius 命令。第 9 章中的 Boids 模型搭建中也用到了 in-radius，其基本语法如下：

```
agentset in-radius number
```

其含义是返回 agentset 中元素与当前主体距离在 number 范围内的所有 agentset 集合（包括当前主体）。

例如：

```
ask turtles [
    ask patches in-radius 3 [
        set pcolor red
    ]
]
```

这个例子就是遍历所有 turtle，将与当前 turtle 距离在 3 范围内的所有 patch 设置成红色。

那么第一个条件 other turtles in-radius link-radius，就表示在排除当前 turtle 的 turtles 集合中，返回与当前节点距离小于或等于常数 link-radius 的 turtles 集合，link-radius 就是"界面"中滑块可调的连边半径大小。

第二个条件[not link-neighbor? myself]表示没有跟当前 turtle 建立过连边的节点。其中 link-neighbor?为 NetLogo 自带的命令，返回布尔型结果（true 或 false）。这里介绍一个关键词——myself。

在 NetLogo 中有两个非常容易混淆的关键词——self 和 myself。

❑ self：指代当前语境中的对象。例如：

```
ask turtles [
print self      ;;self 指打印当前循环到其中的 turtle
    ]
```

❑ myself：[ ]上一层的对象。例如：

```
ask turtles[
    let potential other turtles in-radius link-radius with [not link-neighbor? myself]
    ;;myself 指代当前 ask 的对象
    create-links-with potential
    ]
```

我们想遍历所有 turtle，即所有节点，并且连接节点和 link-radius 半径以内的那些节点，但是由于是对所有节点进行循环，比如循环到 1 号节点的时候，它的邻居中有一个是 2 号节点，这两个节点已经建立了一个连边。

假设当前循环到 2 号节点时，由于距离不变，显然 1 号节点也在半径以内，为了避免重复建立连边，就在 potential 中剔除已经跟 2 号节点建立连边的 1 号节点。注意，这里不能将语句中的 myself 改成 self。如果用 self，它指代的对象实际上是 other turtles in-radius 半径范围内的所有 link-neighbor，因此并不能排除 1 号节点，所以只能使用 myself。

弄清楚了这两个条件我们就不难理解，整段代码的作用就是不重复地创建连边，每条连边都满足两个节点之间的距离小于或等于 link-radius 这个常数。

接下来看看下面这一部分：

```
repeat 10
    [
        layout-spring turtles links 0.3 (world-width / (sqrt number-of-nodes)) 1
    ]
end
```

这部分重复调用 10 次，每一次都调用 layout-spring 函数，该函数解释如下。

- 一种将网络节点可视化的算法。如果不对网络可视化，随机摆放节点的位置，显然连边也会是随机摆放的，这时我们的网络有可能看起来非常混乱，为此就要使用这种可视化算法。
- 使用一种弹簧算法，调节节点的位置。它把每一个节点看作一个小球，把连边看作弹簧，小球之间有斥力，弹簧有拉力。如果两个节点之间有连边，由于拉力的作用，它们就会彼此靠近。如果两个节点靠得过近，小球间的斥力就会产生作用。
- 通过受力产生运动。

它的语法形式如下：

```
layout-spring turtle-set link-set spring-constant spring-length repulsion-constant
```

后面跟的几个参数分别对应 turtle 的集合、连边的集合、弹簧的自然系数（该系数越大，力就越大），后面还有弹簧的自然长度和斥力的大小。小于弹簧自然长度的两个节点之间没有拉力作用。

上面的代码就设定了这些参数值，这里就不具体解释了。那么为什么要调用 layout-spring 10 次呢？

答案就在于，如果调用 layout-spring，弹簧算法运行时，这些节点在力的作用下位置会开始改变，但是这种改变并不是一蹴而就的，只有反复调用 layout-spring 函数施加拉力和斥力，才能慢慢调整好每个节点的位置。

再回到 to setup 代码。在创建的节点中，随机选出 initial-outbreak-size 个节点，对选出的节点调用 become-infected 函数，将状态设置成感染态，颜色设置成红色。再将所有连边设置成白色，这样初始化就完成了。单击"setup"按钮，程序就会根据前述构造随机几何图的法则把网络排布好，如图 10-5 所示。

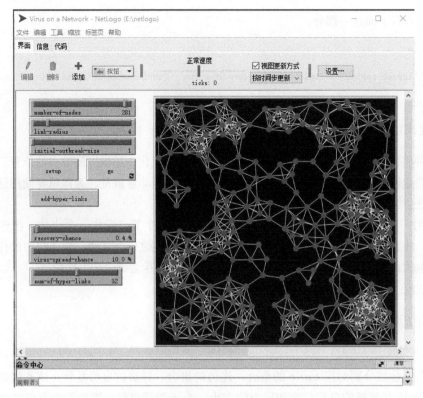

图 10-5　初始化网络（另见彩插）

10.5.4　to go 代码块

to go 代码的作用是实现网络传播 SIR 模型中的主体部分。to go 代码分成了两部分，第一部分是以一定的概率把一些已经感染的节点变成恢复状态，第二部分是病毒在网络上传播。

我们先讲解第一部分的功能如何实现。首先遍历所有 turtles with [state = 1]，此处 with 条件 state = 1 即状态为感染的节点，此句表示对所有感染节点进行循环。对于每一个感染节点，使用函数 random-float 100 产生一个 0 到 100 的随机数，如果这个数字小于 recovery-chance（恢复的概率），就调用自定义函数 become-recovery。

函数 become-recovery 的作用是将节点的状态设置成 2，即恢复状态，颜色设置成灰色，并访问该节点的所有连边，将连边颜色设置成 gray - 2，即比灰色浅一点儿的颜色。

接下来讲解第二部分代码。同理，也是对所有状态为 1 的 turtle 进行循环，因为只有这些节点才有可能感染网络上的其他邻居。接着对每个感染节点，访问所有状态为 0 的 link-neighbors，即与该节点有连边的所有状态是易感的节点。对于这些状态为易感的邻居节点，使用函数 random-float 100 产生一个 0 到 100 的随机数，如果这个数字小于 virus-spread-chance（病毒传播的概率），就调用自定义函数 become-infected。

函数 become-infected 的作用是将节点的状态设置成 1，即感染状态，颜色设置成红色。这样 to go 这部分代码就讲解完毕了。

10.6 参数变化对模拟结果的影响

接下来，在如图 10-6 所示的一组参数设定下运行模拟程序。

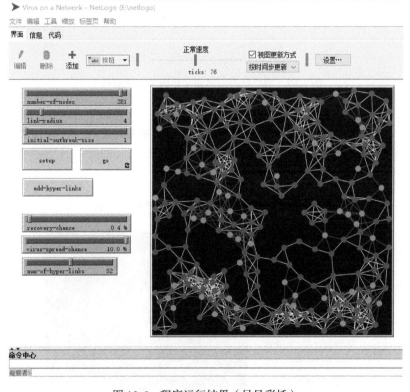

图 10-6 程序运行结果（另见彩插）

可以看到，很快红色节点就会传播到整个网络，但是随着时间的推移，由于某些节点慢慢治愈康复了，因此变成了灰色。一旦一个节点变成灰色，它所在的局域网络就全部失效了，它的连边也会失效。这使得病毒很难再传播，因此最后全部节点一定都是灰色的，尽管时间有可能很长，这取决于模拟设定的恢复概率是多少，如图 10-7 所示。

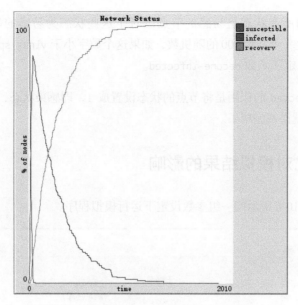

图 10-7   网络状态随时间变化图（另见彩插）

接下来我们稍微调节一下参数，看看对网络有何影响。比如把 link-radius 调小，此时连边数就会减少。在模拟实验中可以看到，整个网络有可能是相互断开的，如图 10-8 所示。

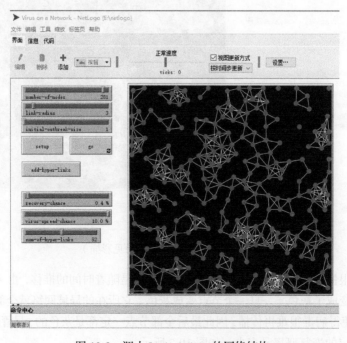

图 10-8   调小 link-radius 的网络结构

比如图 10-9 中的红色框就是一个孤岛，它与其他节点之间不存在连边，甚至图中有些节点是孤立的。原因就在于连边的半径变小了，只有当两个节点靠得很近的时候才能彼此相连。在这种情况下，病毒的传播显然受限。

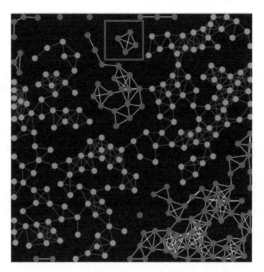

图 10-9　调小 `link-radius` 后形成的孤岛（另见彩插）

另外，如果调低了连边感染概率 `virus-spread-chance`，病毒传播得就会更慢一些，扩散到整个网络的速度也会更慢一些。这些参数都会影响模型的运行结果。

10.7　SIR 模型的弊端与无标度网络

当前这个模型仍然有两个弊端。

首先，如章首所述，随着交通网络的发展，人和人之间的联系并不只是空间内短程的联系，这时就不能够仅仅考虑局域的连边，还要考虑远程的连边。

其次，在当前模型中，网络结构是一个随机几何图。其实这种网络结构有一个特征：它的连边的度的分布满足泊松分布。因此它并不是我们常说的无标度网络。

无标度网络是由艾伯特-拉斯洛·巴拉巴西（Albert-László Barabási）在 1999 年提出的经典模型。它的一个特征是少数节点的连边非常多，而绝大多数节点的连边数很少。在当前这个 SIR 模型里，显然并不能复现这种连边异质性现象。

通常情况下，无标度网络要通过偏好依附规则来进行构建。在每一个时间步，每增加一个节点，该节点就携带 M 条全新的连边。这 M 条全新的连边要跟已有节点建立联系。那么它带的某一条连边要跟谁连呢?

对此偏好依附规则有一个基本假设,即新增加的节点与已有节点 i 建立连接的概率正比于节点 i 的度 k_i 所占总的网络度(即节点的连边数)的比例:

$$\prod_i = \frac{k_i}{\sum_j k_j} \tag{10-1}$$

其中 $\sum_j k_j$ 是整个网络的连边数,$\prod_i$ 表示连接到节点 i 的概率,除以 $\sum_j k_j$ 的目的是让概率归一化,即 $\sum_j \prod_i = 1$。

10.8　改进网络模型

现在的模型里,我们并没有直接实现无标度网络的偏好依附规则,而是提出一个对之前的随机几何图进行改进的方法。具体的构建规则如下:

- 按照前述随机几何图的规则建立网络;
- 在网络上随机加入 m 条连边;
- 要添加 m 条连边,就要选择 m 个节点,使每个节点与一个远程节点连接;
- 按照偏好依附规则,连接的对象按照公式(10-1)给定的概率来选择。也就是说,要正比于已存在节点的度,根据连边数的多少来选择。这时连边数越多,吸引的连边就越多,进而形成一个近似的无标度网络。

在用 NetLogo 编程的时候,上述规则等价于按照如下算法去实现:

- 首先,随机选择 M 个节点作为起始点;
- 其次,随机选择 M 条连边,并且把每条连边的任意一个顶点作为终止点;
- 最后,把这些起始点和终止点相连。

当然,这里面有一些细节问题,比如很可能你选择的起始点和终止点是同一个节点,这时就不去连接;或者起始点和终止点已经有了一条连边,也不去连接。按照这样的方式非常方便实现偏好依附规则。

10.9　修改程序实现改进的网络模型

接下来我们看看如何改进程序。这里新加一个按钮——add-hyper-links,用于增加跨距离的远程连边。每单击一次都假设加入 num-of-hyper-links 条(也就是 M 条)连边,这个变量由滑块控制。

接下来看看 add-hyper-links 的代码:

```
to add-hyper-links
    ;增加远程连边，并且按照偏好依附规则
    ask n-of num-of-hyper-links turtles[
        let attached [one-of both-ends] of one-of links
        if not link-neighbor? attached and not (self = attached)[
            create-link-with attached
        ]
    ]
    repeat 100
    [
        layout-spring turtles links 0.3 (world-width / (sqrt number-of-nodes)) 1
    ]
    ask links [ set color white ]
end
```

这个函数也包含两部分，第一部分建立连边，第二部分做网络的可视化。

首先建立连边，从所有 turtles 集合中选择 num-of-hyper-links 数量的节点为起始点。循环所有起始点，创建变量 attached 为任意一个 link 的任意一个端点，并且作为终止点。if 语句判断 attached 指代的节点，如果不是当前循环到的 turtle 的 link-neighbor，也不是当前 turtle 本身，则连接起始点与终止点。

连边建立完以后同样需要做可视化。由于这些都是远程连边，所以让弹簧算法运行 100 步。代码写好后回到"界面"，单击"add-hyper-links"按钮。如图 10-10 所示，可以看到网络变形了，而且连边增多了。

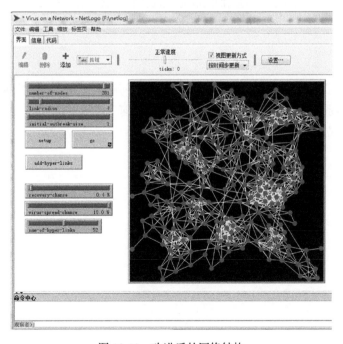

图 10-10　改进后的网络结构

　　这时我们再次运行模拟程序。如图 10-11 所示，病毒在这样一个无标度网络上传播得更快了，传播范围也更广了，这就是最终的网络传播模型。

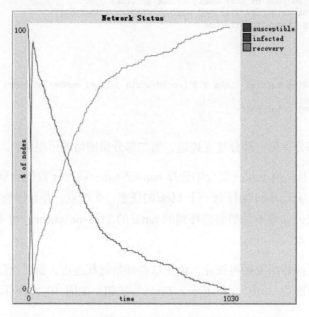

图 10-11　改进后的网络状态随时间变化图（另见彩插）

10.10　小结

　　本章首先介绍了网络上的 SIR 模型；接着介绍了如何用 NetLogo 来操纵网络，包括实现一个网络以及网络上的系统动力学过程模拟；最后讲解了如何生成随机几何图，以及如何巧妙地实现偏好依附规则来建立无标度网络。

第 11 章

重访羊 – 草模型与系统动力学建模

本章我们将再次探索羊-草模型，但是和之前的羊-草模型不同的是，这个模型是用系统动力学的方式构建的。

本章主要内容包括：

☐ 认识系统动力学；
☐ 学习如何从流-存的角度思考问题；
☐ 讲解 NetLogo 的一个重要工具——**系统动力学建模器**（System Dynamics Modeler）。

11.1　多主体建模的弊端

通过前面的讲解，相信大家已经对什么是多主体建模，以及它可以建模各式各样的系统有了非常深刻的了解。

这些例子显示了多主体建模的一些优点：它适合对具有异质性的系统建模。所谓异质性，是指系统中的元素存在很大的不同，比如个体有自己的个性，它们所在的位置可能具有空间上的差异性，所遵循的相互作用规则也会有一定的差异性，这种情况下就会因为不同的微观相互作用规则导致不同的宏观涌现结果。

但是它在一些场合并不适用，比如目前多主体建模的规模一般涉及几百个个体，当规模非常大的时候，经常会遇到计算上的瓶颈。在这种情况下，个体的行为差异往往并不是我们所关注的，因为在大规模系统里，单个个体的行为并不一定起到非常关键的作用，而且它们的空间因素也并不显著，这时多主体建模就不适用了。

11.2　羊–草的系统动力学模型

为了让大家有更深刻的理解，这里介绍一个不太一样的用多主体建模方式构造的羊-草模型，如图 11-1 所示。在这个羊-草模型里，我们假设草是无限供应的，即羊可以无忧无虑地在系统里生存。这个系统有 3 个参数，分别对应初始时刻羊的数量、每个周期羊的出生率以及死亡率。每个周期都会按照出生率添加新生的羊个体，同样，这些羊也会按照死亡率被移除。

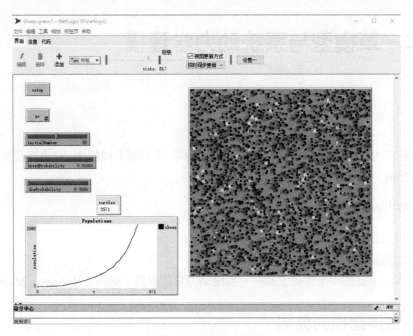

图 11-1　新的羊-草模型

我们发现，只要出生率高于死亡率，羊的数量就一定呈指数级增长，而且当羊的数量超过 1 万以后，系统运转就非常慢了，CPU 风扇会不停地嚣叫，说明这时它利用的计算资源已经达到上限。

但这些额外占用的计算资源其实并没有用处，因为在这种情况下，我们并不关心每只羊所处的位置，而更关心种群数量的变化，因此这时用多主体建模的方式来构建模型并不是最佳选择。那么还有其他选择吗？下面将要介绍的系统动力学建模就是替代多主体建模的一种全新思路。

11.2.1　代数求解羊-草的系统动力学模型

针对这个羊-草模型，我们尝试用系统动力学的方式对其进行建模。在这样的系统中，我们不关心羊的移动，也不关心羊的个性，而关心不同时刻羊、草两个种群的数量变化。因此可以用 X 代表羊的数量，最后画出 X 随时间 t 的变化曲线。

在这个简单的系统中，只有两个参数最关键：出生率和死亡率。而我们关心的是，在每个时刻羊的出生和死亡能够引起 X 有多少变化：

$$\frac{\mathrm{d}X}{\mathrm{d}t} = aX - bX = (a-b)X \tag{11-1}$$

其中 a 为出生率，b 为死亡率。

所以 $\mathrm{d}X/\mathrm{d}t$ 就是单位时间内羊的净出生量。$a-b$ 为净出生率，如果 $a>b$，即净出生率为正数，$\mathrm{d}X/\mathrm{d}t$ 将始终大于 0，羊的数量将会一直增长下去；反过来，如果 $a<b$，羊的数量就会减少。

公式(11-1)实际上刻画了羊群数量变化的动力学，而且它可以告诉我们在任意时刻羊群数量是多少。这个公式可以直接求解得到 $X(t)$ 的表达式：

$$X(t) = X(0)\exp(a-b)t \tag{11-2}$$

羊群数量是关于时间 t 的指数函数，$X(0)$ 是羊群初始数量。

11.2.2 用计算机求解羊-草的系统动力学模型

并不是所有微分动力系统都能够用解析的方式进行求解，这时我们不得不寻求一种用计算机进行求解的方案，即数值求解的办法。

其实前面讲鸟群模型的时候，讲过如何把微分方程转化成差分方程。利用导数的定义：

$$\frac{\mathrm{d}X}{\mathrm{d}t} = f(X) \tag{11-3}$$

$$\frac{\mathrm{d}X}{\mathrm{d}t} = \lim_{\Delta t \to 0}\frac{X(t+\Delta t)-X(t)}{\Delta t} \approx \frac{X(t+\varepsilon)-X(t)}{\varepsilon} \tag{11-4}$$

由公式(11-3)和公式(11-4)得：

$$\frac{X(t+\varepsilon)-X(t)}{\varepsilon} = f(X(t)) \tag{11-5}$$

$$X(t+\varepsilon) = \varepsilon f(X(t)) + X(t) \tag{11-6}$$

得到一个迭代的函数方程（公式(11-6)），这就是一个离散的动力系统，已知：

$$X(0) = X_0$$

就可以用计算机进行迭代，求解出 $X(t)$ 这条曲线。

如何编写这种迭代方程呢？当然，我们完全可以自己动手，从头实现迭代计算，但是为了考虑更一般的情况，可以利用一个非常好的工具——System Dynamics Modeler。

11.3　系统动力学建模工具求解微分方程

　　打开 NetLogo，找到"工具"→"系统动力学建模工具"菜单项，单击它就会打开一个全新的工具，如图 11-2 所示。其中有"图表"页面和"代码"页面，"代码"页面已经准备了一些代码，而且这部分代码是不能更改的。接下来看看如何通过绘图来求解微分方程。

图 11-2　系统动力学建模工具

首先，因为微分方程要建模的是 X 量，即羊群数量，所以用一个存量模块来模拟羊群数量。单击"存量"，然后在空白处单击就会出现一个方块，双击可以改变它的属性。首先我们把名称设成 sheep，初始值设成 10，如图 11-3 所示，这样就建立了存量模块。

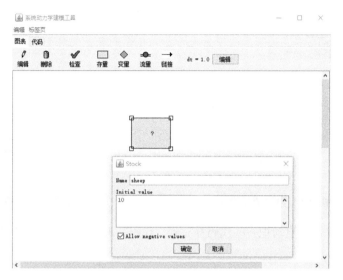

图 11-3　添加存量模块

除这个模块外，还要建立一个流量模块表示羊群的净出生率。再次单击"流量"，在空白处单击一下，然后按住鼠标左键不放就可以拉动这个箭头指向 sheep，这样就建立了流量模块。除此之外，还需要一个变量模块，表示净出生率，双击这个模块，将它的名称设为 net_birth_rate，数值设成 0.001，如图 11-4 所示。

图 11-4　添加变量模块

接下来修改流量模块，将其名称改为 net_birth，表达式设为 net_birth_rate*sheep，如图 11-5 所示。这样就建立好了这些模块，但现在还不能运行，需要把所有模块连接到一起。

由于净出生率是由 net_birth_rate 和 sheep 共同决定的，因此单击"连接"，拖曳鼠标从 net_birth_rate 指向 net_birth 流量模块，然后点一下"连接"，从 sheep 指向 net_birth 模块，如图 11-6 所示，这样框图就构建好了。

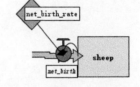

图 11-5 设置流量模块   图 11-6 构建完成的框图

构建好以后，系统会自动把一些代码补充到"代码"页面中，如图 11-7 所示。

图 11-7 框图完成后会自动补充代码

11.4 让羊-草模型运行起来

接下来我们运行模拟程序，并且可视化模拟结果。为此在"界面"添加两个按钮：系统初始化按钮"setup"，以及每一个模拟周期的按钮"go"。为了展示羊群数量的变化，还要添加一个绘图框，把绘图框命名为 population，画笔改为 sheep，并且删除默认语句，如图 11-8 所示。

图 11-8 添加按钮和绘图框

但这时它并不能自动绘图，我们需要通过 setup 和 go 程序把两个模块连接起来。在"代码"页面写下相应代码：

```
to setup
    clear-all
    system-dynamics-setup
end
to go
    system-dynamics-go
    system-dynamics-do-plot
end
```

系统动力学建模模块中已经有初始化 setup 和每一个模拟周期 go 的相应功能，这里直接调用函数 system_dynamics_setup 和 system-dynamics-go，还需要调用系统动力学模块的绘图函数 system-dynamics-do-plot，这样代码就完成了。

这时单击按钮就可以绘制出相应的图形，只不过这个图形很难看，一下就到了一个非常大的数值，原因是模拟过程进行得太快。因为系统动力学建模比多主体建模轻量，所以我们只需要将"视图更新方式"改成"按时间步更新"，它的变化就没有那么快了。

重新运行模拟程序看一下效果，就会发现更新速度慢下来了，而且羊群数量呈指数级增长，如图 11-9 所示。

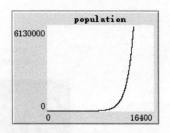

图 11-9　羊群数量变化图

这个例子展示了如何用数值的方式，借助 NetLogo 工具对微分方程进行求解。

11.5　重新构建羊-草生态系统

讲完上述模型以后，回顾一下第 5 章我们用多主体建模的方式构建的羊-草模型。该模型的关键在于草并不是无限供给的，它会因为羊吃草而不断消耗，同时草还会自发地从地里长出来。这样的话，两个种群的相互作用就会更加复杂，最终就形成了如图 11-10 所示的种群动力学曲线，其中黑色的线表示羊的数量，绿色的线表示草的数量。

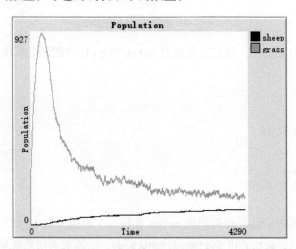

图 11-10　羊-草生态系统的种群变化曲线（另见彩插）

初期羊的数量会飞速增长，但是很快就会碰到瓶颈，因为羊会消耗大量的草，草的生长速度跟不上，于是羊的数量相应减少，草的数量慢慢涨起来，这就会导致最终羊和草的数量都稳定在某个值附近。接下来我们用系统动力学的方式重新构建羊–草模型。

11.5.1　用流–存的方法建模

我们要从流–存的角度重新考虑这两个种群的问题。由于要同时动态地考虑羊和草两个种群的数量变化，因此要用两个存储单元来对整个系统建模，如图 11-11 所示。

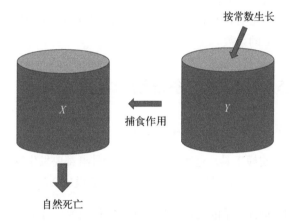

图 11-11　用流–存的方法构建的羊–草生态系统模型

图 11-11 中 X 表示羊的数量，Y 表示草的数量。它们像两个大的水缸，水缸由于水的流入流出而动态变化。接下来考虑流的情况，由于羊没有任何捕食者，所以羊只能自然死亡，因此有一个自然死亡的流；羊通过吃草来获得能量进而繁殖，草会因为羊的捕食而减少，因此会有一个从 Y 到 X 的流；除此之外，草生长是自然因素的作用，这里生长数量是一个常数，于是 Y 就有了一个流入。因此模型中一共有两个存和三个流。

11.5.2　羊–草生态系统模型的动力学方程

接下来写下相应的微分方程：

$$\begin{cases} \dfrac{\mathrm{d}X}{\mathrm{d}t} = aX(t)Y(t) - bX(t) \\ \dfrac{\mathrm{d}Y}{\mathrm{d}t} = R - cX(t)Y(t) \end{cases} \tag{11-7}$$

首先来看羊的出生和死亡。它的出生显然是由于羊草之间的捕食作用，捕食的快慢是多少呢？这里用 $aX(t)Y(t)$ 进行建模来表示。我们不妨把羊和草看成粒子，羊吃草就是当羊一碰到草这个粒子，草的个体消失而羊的能量相应增长。因此，如果羊和草的数量越多，那么羊捕食草的数量就会增多，羊的出生率也会相应升高，因此它与 X 和 Y 之间都是正相关的关系。我们用二者的乘积来表示捕食速率。什么因素会导致羊的死亡？当然是它的自然死亡，可以假设自然死亡是以固定的死亡率发生的，就是 $bX(t)$ 这一项，b 就是羊的自然死亡率。

接着考虑草的萌发和死亡的情况，首先草的萌发是一个常数。也就是说，它跟草的数量并没有关系，而草的死亡显然就是被捕食，所以它也跟 X 和 Y 有关系，只不过由于捕食要消耗大量能量，因此草损失的能量并不完全等于羊获得的能量，所以在 $cX(t)Y(t)$ 中，a 和 c 的系数并不一样，通常情况下 a 的系数小于 c 的系数。

11.6　羊−草生态系统模型的系统动力学搭建

接下来用 NetLogo 模拟这个微分方程动力系统。

再次打开系统动力学建模工具，这次我们考虑两个种群都要发生变化，因此要画两个存量：一个表示羊，它的初始值设成 10；另一个表示草，初始值设成 200。

首先考虑这两个相应的流。羊的死亡流是由死亡率控制的，因此要加一个变量死亡率，设成 b，它的数值大小可以设成 0.01。这时我们可以添加连接，由于羊的死亡也跟羊的数量有关系，因此需要两个连接，相应的表达式 b * sheep 是它的流量大小，如图 11-12 所示。

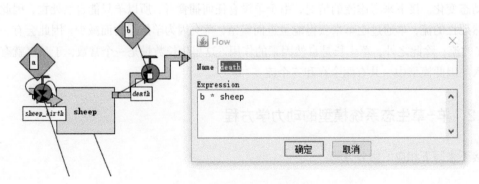

图 11-12　羊的死亡流量设置

草的萌发是净萌发，有一个流，这个流是由常数 R 控制的，常数取 100。然后我们添加连接，只有一个 R 到流的连接而没有草到流的连接，因为草的净萌发率跟草的数量无关，所以设置流的表达式为 R，如图 11-13 所示。

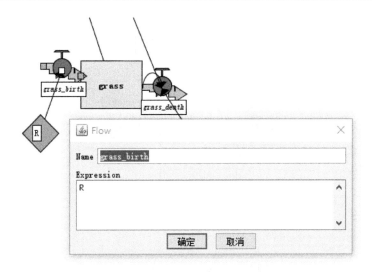

图 11-13 草的萌发流量设置

最后考虑羊和草之间的交互。讲方程的时候已经提到，它们的系数其实不一样，因此我们要分别设置相应的流。

首先设置羊的出生流，这个流是由变量 a 控制的，这是羊的捕食率，数值设成 0.001。然后就可以连接了。由于这个量的大小由 a 控制，同时受到羊和草数量的影响，所以有 3 个连接，连好以后修改流的属性为 `a * sheep * grass`，如图 11-14 所示。

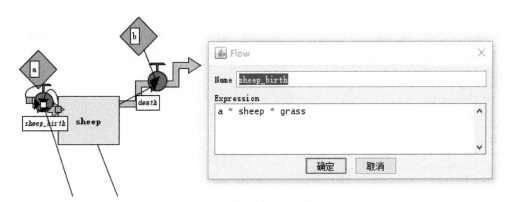

图 11-14 羊的出生流量设置

与此类似，构建草的死亡流，变量设为 c，数值设为 0.002。设置完这些变量以后，加上连接，然后把表达式改为 `c * sheep * grass`。这样就构造完了整个框架图，如图 11-15 所示。

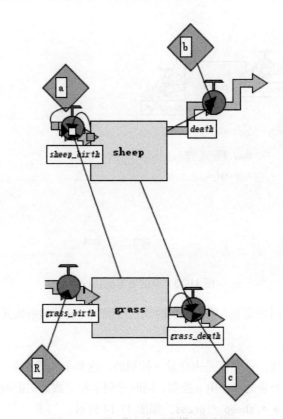

图 11-15　羊–草生态系统模型框架图

接着在"界面"上添加两个按钮："setup"和"go"，并且写下相应的代码，直接调用建模工具中 setup 和 go 以及 plot 的代码：

```
to setup
    clear-all
    system-dynamics-setup
end
to go
    system-dynamics-go
    system-dynamics-do-plot
end
```

我们再补充一个绘图框，叫作 population，还有两个画笔，分别对应 sheep 和 grass，如图 11-16 所示。

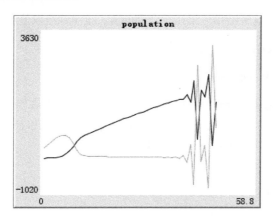

图 11-16　添加 population 绘图框

最后把视图更新方式改成"按时间步更新"。

11.7　调试羊–草生态系统模型

此时运行模拟程序，稍微慢一点儿执行，我们发现开始还比较正常，草的数量更多一些，因此会有一个小的波峰，但很快羊的数量迅速增长，但比较奇怪的是，到了差不多 40 个周期以后会发生剧烈的振荡，如图 11-17 所示。

为什么会出现这种振荡呢？其实主要原因在于我们的系统是一个差分动力系统，在差分过程中，它的每一步更新都会相应地增加或减少一定的量。而当种群数量变得很大的时候，$X(t)Y(t)$

这个数量就有可能非常大,两者相乘就有可能导致一个非常大的流,因此会产生剧烈振荡。振荡发生以后,由于没有任何约束能够把种群数量限定在正数范围内,所以草的数量会变成负数,这是一个非常不合理的现象。

11.7.1 如何设定各个参数的数值

那么如何避免这个现象?这就涉及如何给 a、b、R、c 这些参数赋值。在刚才的绘图过程中,我们比较任意地赋了一组值,其实可以进行合理的分析。

我们可以就稳态这种情况进行分析。所谓稳态,就是假设这个系统经过足够长时间的演化,X 的数量和 Y 的数量都会稳定在某个数值附近而不再发生变化。因此可以通过把这两个方程设置成 0,即二者都不再变化,从而求解方程:

$$\begin{cases} \dfrac{\mathrm{d}X}{\mathrm{d}t} = aX(t)Y(t) - bX(t) = 0 \\ \dfrac{\mathrm{d}Y}{\mathrm{d}t} = R - cX(t)Y(t) = 0 \end{cases} \tag{11-8}$$

得:

$$\begin{cases} X*(t) = aR / bc \\ Y*(t) = b / a \end{cases} \tag{11-9}$$

这时 X 和 Y 对应的数值只和 a、b、R、c 这 4 个参数有关。有了稳态下羊和草的数量,就可以反推出这些参数的取值。这里给出一组比较合理的值,按照这组取值再进行设定:

❑ $X(0) = 50$, $Y(0) = 500$
❑ $a = 0.05$, $b = 2$, $c=0.1$, $R = 200$

那么为什么这组数值比较合理?可以看到,公式(11-9)中,草在稳态下等于 b/a,按给出的参数计算草的量最终在 40,在一个比较合理的范围内。同理,你可以根据这些参数检查一下 X 最终处于的数值范围,也是一个比较合理的区间。

11.7.2 设置 dt 取值

接下来根据给出的参数重新修改系统动力学模型的参数值。再次运行程序,我们会看到数量涨得还是太快了。为什么参数合理还是涨得快呢?大家可以回顾一下前面的公式推导过程,公式(11-4)有一个近似,把导数变成差分,dt 要取一个趋近于 0 的值,我们可以看看图 11-18 所示的界面。

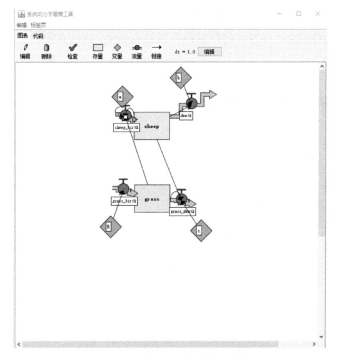

图 11-18　系统动力学建模工具界面

默认情况下 dt 是 1.0，对于一些粗糙的模拟，1.0 的取值还可以，但是对于现在的羊-草生态系统来说，这个值过大。dt 越大，模拟就越不准，最后得到的曲线显然也不准，而且它会由于计算过程中 $X(t)Y(t)$ 乘积导致流量非常大。

为了更精准地模拟，我们要把这个值调小，直接将其设成一个非常小的数 0.0 001。这个值越小，方程模拟得越准确，但是需要的模拟时间就会越长。接下来再次尝试模拟，结果如图 11-19 所示。

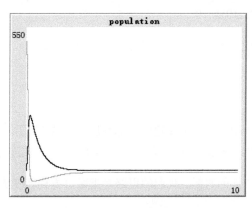

图 11-19　population 最终图形（另见彩插）

这时我们会看到，一开始草和羊的数量都会出现一个比较大的一个振荡，形成峰值和谷底，但是最终它们会停留在稳态，即两者的数量都不再发生变化，这一点跟稳态方程求解得出的结果一致。

11.8　更一般的微分动力系统

这两个例子展示了如何用 NetLogo 提供的系统动力学模块模拟微分动力系统。对于更一般的微分动力系统来说，假如有非常多的变量，每一个变量的微分方程的规则也完全不一样，设状态变量 $x, y, z, \cdots$，更新函数 $f, g, h, \cdots$，则动力系统微分方程组的形式如下：

$$\begin{cases} \dfrac{\mathrm{d}x}{\mathrm{d}t} = f(x(t),\ y(t),\ z(t),\ \cdots) \\[2mm] \dfrac{\mathrm{d}y}{\mathrm{d}t} = g(x(t),\ y(t),\ z(t),\ \cdots) \\[2mm] \dfrac{\mathrm{d}z}{\mathrm{d}t} = h(x(t),\ y(t),\ z(t),\ \cdots) \\[2mm] \qquad\qquad\vdots \end{cases} \tag{11-10}$$

其中，$x(0) = x0, y(0) = y0, z(0) = z0, \cdots$

实际上，都可以做离散化，变成差分方程，如：

$$\begin{cases} x(t+1) = f(x(t),\ y(t),\ z(t),\ \cdots) \\ y(t+1) = g(x(t),\ y(t),\ z(t),\ \cdots) \\ z(t+1) = h(x(t),\ y(t),\ z(t),\ \cdots) \\ \qquad\vdots \end{cases} \tag{11-11}$$

其中，$x(0) = x0, y(0) = y0, z(0) = z0, \cdots$

最后再进行模拟，因此上述方法是一个非常普适的建模方法。

11.9　小结

首先，我们分享了一个观点：多主体建模并非在所有场合都适用，它有自己的局限性，特别是对个体因素不是很重要的大规模系统来说，用系统动力学的方式进行建模会更合适。

其次，在求解系统动力学的时候，我们的思路是把微分方程转变成差分方程，从而可以用计算机来进行迭代求解。

再次，介绍了 NetLogo 里一个成熟的工具箱 System Dynamics Modeler，用这个工具箱通过画图的方式以及相应的一些参数设置，就可以直接模拟这种动力系统。

最后，我们解释了稳态这个概念，通过让系统演化到稳态，我们能够估算出每个参数的合理范围。

结束语

本书用了 11 章的篇幅对 NetLogo 进行了全面介绍。最后，我们回顾各章内容，并对未来的进一步学习进行展望。

全书内容可以分为上下两篇，第 1 章到第 5 章属于上篇，用简单的实例介绍了 NetLogo 的基本元素。第 6 章到第 11 章属于下篇，将物理、数学、经济学等学科的相关概念融入到了 NetLogo 的介绍中。

然而，即使读者一字不落地读完本书的内容，并且将这些实例中的所有代码都复现了，也不意味着完全掌握了 NetLogo。这是因为，任何一种软件工具都和人类语言一样，需要反复地实践练习，才能够真正熟练掌握。

所以，读者在学完本书的内容外，还需要尝试完成各种各样的项目，从而反复训练、学习，才有可能成为 NetLogo 高手。那么，这些项目从哪里来呢？

(1) 读者可以在本书介绍的各种项目基础上进行改进，从而实现自己的目的。例如，对于第 3 章的"生命游戏"来说，读者可以尝试修改该程序的代码，特别是生命游戏规则，从而实现不一样的"生命游戏"。再例如，读者可以改进第 9 章的"人工鸟群"模型，从而让人工鸟 Boids 可以聪明地躲避障碍物。你还可以添加不同的 Boids 类型，例如一类 Boids 是捕食者，另一类 Boids 是被捕食者，从而引入捕食者与被捕食者之间的相互作用。带着这样的目标去学习，你会快速掌握更多有关 NetLogo 的知识。

(2) 读者可以深入探索 NetLogo 自带的模型库或其他工具，它们为我们提供了丰富的学习资料。例如你想学习如何用 NetLogo 操控声音，从而实现 MIDI 音乐播放，那么可以找一个叫作"Sound Machine"的程序，通过学习该项目的代码来掌握如何操控声音。如果你想实现一个三维的计算机动画，那么可以打开 NetLogo 3D，这是一个与基本的 NetLogo 平行的界面，只不过这里的 NetLogo 世界是三维的。因此，你可以将很多二维的 NetLogo 代码升级到三维。例如，在

NetLogo 中有一个项目 Life3D，这是一个三维版本的"生命游戏"。

(3) 充分利用互联网，搜寻更多 NetLogo 项目和案例。NetLogo 官方网站有一个 Community 的页面"NetLogo User Community Models"，上面有世界各地的网友贡献的 NetLogo 项目。但是，这方面的国内社区还比较少。

除了完成各式各样的项目以积累经验，大家还可以学习使用 NetLogo 自带的教程和手册，从而快速学习 NetLogo 语法。使用 NetLogo 有两种方式，下面分别进行介绍。

第一种方式是在看别人的程序的过程中，看到不懂的命令或语句，这时只要搜索这个命令找到对应的网页，就可以获得相关说明和使用方法。

第二种方式是自己心中有一个目标，但不知道如何实现。这时就需要使用 NetLogo 的字典。首先需要将你的目标分解为可以用 NetLogo 中的对象（turtle 或者 patch 等）实现的功能；接着打开字典的目录页面，如下图所示。

然后找到相应的对象，例如 Turtle-related 这个目录中就是有关 turtle 的全部实用语法。仔细搜寻这些命令，找到可能和你设想的功能有关的那个，再点开它查看。NetLogo 字典可谓整个 NetLogo 可实现功能最全面的列表了。

当然，这些工具和方法只有在你具备了一定的 NetLogo 基础之后才能很好地发挥作用，如果毫无基础，可能你的头脑空空，不知道从何处着手。

即使本书已经包含了不少案例，但是，对于 NetLogo，甚至对于复杂系统建模来说，仍然是九牛一毛。所以，希望有志于往这个方向发展的读者可以深入该领域进行学习。集智学园有大量课程和学习资料，可以助你一臂之力。

后记

本书从动笔到完稿，其实非常快，用时不到半年。

张江老师开设了一门面向大学生的 NetLogo 课程，非常受欢迎。这门课程并未广泛宣传，却引发了"自来粉"效应。很多老师和学员在知乎或个人博客上自发推荐，比如天津师范大学的王树义老师，一直力推这门在线课程。我邀请其为本书作序，他非常痛快地就答应了。

然而，在线课程不便于随手查阅，为了满足广大建模爱好者的学习需求，我决定将这门视频课程整理成书稿。

本书之所以写得非常快，是因为 2020 年新冠肺炎疫情期间，我在家里待了几个月，那段时间我将课程字幕全部做出来了。因为有了字幕，所以书稿的整理变得简单了很多。

我是集智学园 CEO，平常的管理工作非常繁忙，所以邀请了我的研究生同学张爱华一起整理书稿。张爱华非常给力，效率也非常高，正因为有了她的加入，本书才能快速写完。

后来我发现书稿中还缺少一些鲜活的例子，于是就在集智学园的 NetLogo 社群中招募高手。华东师范大学社会学系的学生王欢主动请缨，从社会学的视角为本书提供了一些案例，从而使得本书在内容上更加完善。

集智学园的王建男为本书的封面提供了素材。王建男是最早加入集智学园的员工之一，她是动画设计专业出身，但是加入集智学园之后，对编程产生了浓厚的兴趣，并且早就玩转了 NetLogo，所以才能为本书的封面注入内涵。

特别要感谢人民邮电出版社图灵公司的编辑张霞，编辑此书时她正怀有身孕，但并没有因此而耽误书的进展，她为书稿提出了很多写作建议，并仔细核查书稿中的错误。值得一提的是，张霞还是集智俱乐部的第一位志愿者，因为有了第一位，才有了后面包括我在内的很多人。

写这本书还有一个不为人知的目的，我 12 岁的女儿一度痴迷于在 iPad 上看无聊小视频，这让我很是头疼。我很想抢占她的注意力，让她把精力放到一些益智的事物上来。可是说教并不管用，相信做家长的都有体会。

于是，我给她推荐了这门课程。虽然这门课程是为本科生开设的，但令我很意外的是，我的女儿一下子就被张江生动的讲课风格吸引了，边上课边跟着敲代码，还学会了自己调节变量。她除了学习课程里讲的这些模型，还自己探索这个软件上更多的模型，完全把这个软件当成了一个游戏。

当她玩到森林火灾模型的时候，突然对我说："妈妈，我现在知道，其实光头强不一定是坏人，因为森林里树木的密度如果过大，就会非常容易引起森林大火。只有当植被量占 60% 左右时，才是最好的。所以并不是树越多越好。"当玩到传染病模型时，她发现只要有一个人感染，如果不限制其行动，那么他很快就会感染周围所有人，所以她也理解了防控疫情最重要的措施之一就是隔离。

很欣慰女儿会用模型思维来看待周围的事物了，不再非黑即白。她甚至将模型思维用到打排球上面，会预判对方的动作来提前走位。

NetLogo 不仅能让青少年快速学会一门编程语言，还能帮助他们形成多维立体的世界观，这种模型思维将成为他们未来的竞争力。

最后还要提及的是，"聪明伶俐、自主性又强的女儿节奏太快，让我跟不上"（这些话是编辑给美化的，潜台词请有青春期娃的家长自己脑补），只能通过写书来让自己静心，从而使得这本书更快地完成了。

我在写书时尽量让语言通俗易懂，希望天天泡在小视频以及网游中的青少年们可以把 NetLogo 当成一种更高级的寓教于乐的游戏，也希望更多学生可以受益于此书。

张倩

2021 年 5 月 31 日